诺亚律法的
理论与操作

The Theory & Practice of
Universal Ethics—Noahide

〔以色列〕西缅·D. 科文（Shimon Dovid Cowen）/ 著

〔泰〕雅各·本·诺亚 / 译

犹太信仰与文化研究所出版

诺亚律法的理论与操作

版权所有 © 2014 西缅·D. 科文 (S. D. Cowen)

ISBN：978-0-9924206-7-3

出版：犹太信仰与文化研究所　耶路撒冷诺亚学院

地址：88 Hotham Street, East St Kilda, Victoria 3183 Australia

Tel +61 – 412 019 666

Email: shimoncowen@gmail.com

Web: www.ijc.com.au

文本评审：人格瑞（Richard Rigby）

澳大利亚国立大学亚洲与太平洋学院

华语特约编辑和校对：苏郁立　沈靖

开本：710×1000　1/32　印张：7.75

前　言

　　本书第一部分主要阐述"普世伦理学的理论"，该部分曾以"诺亚律法——普世伦理学概述"之名以专著形式出版。之后，在此基础上以更为国际化的视野，通过增补众多的观点和更为详细的展开，历经数年艰辛，得以成书。本书的主旨建立在神与人类之约的基础上。

　　真诚地感谢阿列克斯·斯科弗隆（Alex Skovron）和尼古拉斯·克雷（Nicholas Cree）的审核、编辑；感谢拉比约书亚·何哈特（Yeshua Hecht），感谢拉比杜维·L.格鲁斯班（Dovid Leib Grossbaum）以及罗姆·李维斯教授（Rom Lewis）和阿诺德·洛伊教授（Arnold Loewy）对本书每一部分的修订与指正。同时也感谢阿尔伯特·达东（Albert Dadon）对本书所提供的预付资金支持。

　　本书的第二部分（具有特别明确的参考）为诺亚律法的具体操作，曾以"普世伦理学之实际操作"为题率先发表。在本部分的成书过程中，我得到了巨大的祝福，当今世界最为伟大的诺亚律法学者摩西·韦纳（Moshe Weiner）为本部分提供了详细的校审。摩西·维纳为《神圣的印记》（Sefer Sheva Mitzvos）的作者，他至为关键的工作就是：虽身处当今世界，但却以最为接近西奈传统的观点，在当今最权威的学者和大师扎尔曼·N.高登伯格（译者：Zalman Nechemia Goldberg，当代以色列最高拉比委员会委员、最高法院首席大法官）的严格审查下，完成了他的历史性著作。拉比摩西·韦纳对本书的赞赏和鼓励包含在本书之中，我对此十分感激，摩西·韦纳是当今为数不多的、真正的大师之一（拉比摩西·韦纳，为译者的导师）。

还有众多的人们也为本部分的成书提供了巨大的帮助，最早为本书提供帮助的是：以利亚扎·康豪瑟（Eliezer Kornhauser）、杜威·戴兹（Dovid Deitz）、法雷尔·梅尔策（Farrel Meltzer）与温盖特集团（Wingate Group）；其他对本书的发表提供慷慨捐助和帮助的是：

托伊唯亚·西普雷斯（Toivya Cyprys）、摩德海·菲林（Modechai Feiglin）、巴瑞·费尔德曼（Barry Feldman）、玛特·戈尔曼（Mat Gelman）、约西·格尔登赫希（Josh Goldhirsch）、摩西·戈登（Moshe Gordon）、V. L. J. 格莱森小姐（V L J Gregson）、同时深切怀念 B. 赫尔曼（B. Hermann）；感谢耶塔·科林斯基（Yetta Krinsky）、多夫·莫谢尔（Dov Moshel）；感谢拉比彼撒哈·罗森鲍姆（Pesach Rosenbaum）；感谢 G. 罗斯柴尔德（G. Rothschild）和他的太太苏·齐默尔曼（Sue Zimmerman）。

该部分最初是以"诺亚律法公告"的形式，由犹太信仰与文化研究所作为连载发表。

另外，还有多人为本书的成书，提供了慷慨的帮助和支持，他们的名字在本书后记之中。

我在此真诚感谢哈巴德—鲁巴维奇运动出版部的拉比门德尔·赖纳（Rabbi Medel Laine of Kehot publication Society），针对本书的出版，他给了我许多的建议和指导。在拉比门德尔的建议下，我才将原先的两个独立部分整合在一起，经过编订和补充合二为一。总的来说，这两个部分具有相当的不同的性质，基于犹太信仰中的西奈传统，本书第一部分是为了帮助读者认识和了解诺亚律法的基本概念；本书的第二部分是对第一部分的解读和注释，旨在帮助读者能在日常生活中行出律法的要求。在该书的顺序和基本原则之下，理论和操作将互相印证，第二部分的操作是第一部分理论的自然延伸。而理论正是实际操作的指针。另外，针对那些已经对普世伦理学有所了解的人而言，本书第一部分将会帮助和强化他们的认识。在本书简介的后半部分，给出了更为细致的指导，以期望对不同文化背景的人，能在阅读和使用本书的过程中有所帮助。

犹太文化研究所和维多利亚犹太教育协会对本书两大部分的大纲和写作给出了具体的指导，感谢所有犹太文化研究所同仁们的帮助和支持，更要感谢我的父亲扎尔曼（Zelman）和母亲安娜·科文（Anne Cowen），感谢我妻子米利暗（Miriam）在本书写作过程中对我的鼓励和帮助。

西缅·D.科文

对诺亚律法的研究与推广给予支持的信函

来自:

澳大利亚总督、少将 迈克尔·杰弗里阁下的信函（Michael Jeffery）
2008 年 6 月 5 日

　　我真诚地感谢拉比西缅·D.科文博士在诺亚律法方面的研究与探索，强烈推荐他在诺亚律法研究上所获得的成果，以及在世界范围内对诺亚律法的推广和付出。诺亚律法，或者说是普世原则，与人类社会中的每一个个体休戚相关，并在我们的日常生活中，起着重要的指导作用。在现代社会，人们通常以名誉和财富作为衡量成功与否的标准，同时非常不幸地，在现代社会，家庭破裂、吸毒、酗酒等现象也在明显增加。

　　我坚信：价值观和理念使我们成为一体，而不是带来分裂；价值观和理念培养了我们宽容的精神和庄重的行为，以及人与人之间的尊重。

　　人的天性本为良善，而不是邪恶，因为良知之灵在我们所有人的体内，这也是人类的基本特征。但良知之灵需要从小培养，因而父母、牧师、良友在儿童成长的过程中起着至关重要的作用。

　　有些无知而邪恶的宗教使人相互之间产生仇恨，使人心胸狭窄、内心阴暗，走向极端，更使人行为残忍，成为恐怖主义分子。而本书的重要性则在于：诺亚律法将带领我们，给我们以指导，使我们可以在不同宗教之间和平理性地展开对话，做到相互间的理解与尊重，最终达成共识。

　　因此我强烈建议，每个人都应时刻反省，都应带着尊崇的心学习和讨论本书中的各项原则，带着敬畏之心去思考：我们该如何生活？我们更要充分地认识到，宗教是我们社会的基础和重要价值观所在。

来自：

摩洛哥国王穆罕默德六世的王室顾问，
安德烈·阿祖莱（Andre Azoulay）代表王室写给作者的信

2012 年 10 月 11 日

尊敬的拉比科文：

非常感谢您给我们国王默罕穆德六世的信函，您在信中介绍了自己的研究成果：亚伯拉罕宗教贡献给我们社会的普世律法，这是我们社会的重要价值观和我们的社会基础所在。

国王陛下认识到您的努力以及您致力于填补宗教与文化间的缺口与裂痕。由此，我们的国王陛下非常感激您和您的犹太文化研究所所起到的至关重要的作用。

正如您所了解的，摩洛哥王国在我们尊敬的穆罕默德六世的领导之下，国王是我们社会的核心，我们真诚地致力于多宗教对话、以及不同文化之间的互相尊重与理解，以期最终能在不同观点之间达成有效的共识。

我们祝贺您在研究领域所取得的巨大成就并祝贺犹太信仰与文化研究所开创的这一伟大研究课题。

您真诚的
安德烈·阿祖莱

来自：

欧盟常任主席赫尔曼·V. 隆佩（Herman Van Rompuy）的信函

2014 年 7 月 16 日

尊敬的拉比科文：

非常感谢你 2014 年 6 月 3 日的来信。

感谢你与我分享如此有价值的信息，感谢你与我分享神在西奈山对全人类颁布和反复重申的律法。亲爱的拉比西缅·D. 科文，我非常荣幸地能将自己的名字加入在传播普世伦理学的名单之中，这普世伦理学就是神圣的诺亚律法。

另外，我还要特别感谢你，因着你所传达的信息和实际行动而给人类带来的希望。

你真诚的

赫尔曼·V. 隆佩

来自：

对本书第二部分"诺亚律法的操作"之认可与批准
拉比摩西·韦纳（Moshe Weiner）
Sefer Sheva Mitzvos HaShem 的作者

    我是如此高兴地听到你准备出版本书，并将面对全人类详细阐释诺亚七律，使人们在日常行为中，不但可以用诺亚律法作行为指导，更可以积极推广、言传身教遵循诺亚律法。

    本书体系完整，理论清晰，本书的发表必将带来巨大的社会效益。因着你的努力，使人们得以更加清楚地理解至高者 神所吩咐摩西的话语，并由摩西所交付给全人类的七条诫命与律法。此外本书逻辑严谨、条理清晰，必将对读者产生巨大而不可估量的帮助。

    同时，你也对本书中的律法基础给予了严谨而详细的分析与解读。

    这个时代理应对传统领域有更多地了解，我们也应该更加深入地研究律法及其细则；因此，对你所做的工作，我们深为感激。我本人也在从事这方面的工作，在众多专家学者的鼓励和批准下，发表了 *Sefer Sheva Mitzvos HaShem*。由此，我可以确认，基于历史上伟大的先哲们对我们的教导，你的写作论点论据精准无误，合乎权威性指导原则（Halachah）。

    祝福你，至高者 神必使你手所做的尽都顺利，你的话语也必如鲜美多汁的果实；那日子必快快来临，那日子就是"认识至高者 神的知识遍满全地，如同大水充满洋海一般"。

来自：

拉比本雅明·科翰（Binyomin Cohen）给作者的信
墨尔本 犹太学院院长（Yeshivah Gedolah）

非常感谢你寄来的"普世伦理学的操作"一文，通过对本文的深入阅读，我深刻感觉到你的艰辛努力和你的作品对无论是学者还是读者，都将起到深远而重要的作用。

从我个人的观点来看，本书的重要价值体现在：无论是针对犹太人还是针对普通公众，即便他们从小所接受的教育不同，行为方式和世界观也各不相同，但都将通过对本书的阅读而回归律法的真实。

你的作品无论对老人还是年轻人，都具有重要的价值。本书必将帮助读者提高自己的理解力并使读者具有律法的视野（也就是造物主对世界的看法和观点）。

来自：

拉比泽维·特森纳（Zvi Telsner）给作者的信函
马拉·达斯拉（Mara D'Asra），鲁巴维奇社区·墨尔本

亲爱的拉比西缅·D.科文：

　　你关于诺亚律法的本作品必将列为必读书目，不但针对世俗的犹太人，也针对一般的大众。当社会道德的基础建构在律法之上时，社会就远离动荡和威胁。更为关键的是，未来的时代也必将立足于当今时代的道德基础之上，未来的时代必将受到当今时代的影响，受到当今时代的学习者、传授者和辩护者们的影响。本书为英文写作，用词清晰，文字优美，谨守 halachic（犹太法典）的各项规定。且通过当今世界上伟大的律法学者的审核，同时本书也包含有各项注释，注明了引用资料的来源和出处。

目　录

简介

　　体验探索在当今社会具有重要的意义，特别是对个体与文明的和平共处具有重要意义。本书所提出的普世伦理概念至今未受到应有的重视，还鲜有专家学者探究与探索。但是普世伦理学毕竟已经存在了几千年之久，其根源来自世界主要的宗教与文明，同时也被文艺复兴引入了"现代性"观念。普世伦理学聚焦于人类社会，对当今社会的日常生活和社会有序运行必能提供有益的帮助与指导。此外，普世伦理学也具有广泛的普遍性，无论是精神上的帮助，还是基于历史经验的具体证明。普世伦理学适用于所有的人群。

　　普世伦理学具有七项主要原则，这七项原则出自律法书（出自创世记，具体参考 Talmud Tractate *Sanhedrin 56b*），针对全人类。这七项主要原则分别为：禁止拜偶像，禁止亵渎神的名，禁止不道德性行为，禁止偷窃，禁止谋杀，禁止违法乱纪（专指不能有效建立司法体系和公义公正的社会司法系统），以及禁止滥用自然资源、对环境的过度破坏（特别是从活体动物身上取肉食用）。普世伦理学也被称为"诺亚律法"，大洪水之后，诺亚被称为全人类的始祖。从表面上看，诺亚律法中的六项原则已经给了亚当（具体参考拉班的 *Hilchos M'lochim 9:1*），但在对诺亚重申的过程中，增加了另外一条诫命。大洪水之后，至高者 神许可人类屠宰吃肉，但是严禁从活体动物身上取肉食用。

　　备注：布拉格的拉比马哈拉（Maharal:1520—1609.9.17。原名为 Judah.Levai ben Bezalel。著名塔木德学者、神秘主义学者、哲学家）认为，至高者 神将七条诫命都吩咐给了亚当，包含不可从活体动物身上取肉食用，虽然那时人类还不被许可食用肉类。给出诫命是为了使人类具有自我控制能力，并学会等待（在动物还没有完全死亡之前，不可分割其肉类食用）。根据拉比马哈拉的解读，亚当以其他的行为方式违背了这条诫命，假如亚当再过几个小时食用知识树的果子，则是神所许可的。亚当还缺乏等待祝福的能力，于是导致了罪性的出现，正如从活体动物身上取肉食用一般。具体参见 *G'vuros Hashem* 第 66 章。英文版为"布拉格的马哈拉论诺亚律法"，出自《犹太信仰与文化》Vol. 4 2002。

律法是人类固有的财产，圣经中提到人类具有神的形象，"神照着自己的形象造人"。换言之，人类是神的仿真，这个仿真只有通过执行神圣的诺亚律法才能得以完全。而"人类具有神的形象"指的是一种潜在性状态，人类只有照着神所制定的标准典范而行，才能彰显出"似神"，即只有遵行诺亚律法，才能彰显"似神"（人必须真诚悔改，回到律法的规范中）。

从亚当到诺亚共有十代，这是人类历史上的堕落与退化的世代，人类形同牲畜，而诺亚也没有足够的能力将人类从世代累积的罪恶中救赎出来：诺亚的方舟只能是被救赎的人类及自然的避难所。从诺亚到亚伯拉罕也是十代，先哲们将这两个十代称之为"虚空"，或者说是"灵性黑暗期"，而亚伯拉罕则与他那个时代的众人不同，亚伯拉罕具备了救赎的能力，具有救赎在他之前十代人的能力。

亚伯拉罕对至高者 神的神圣侍奉开启了人类的新纪元，被称为"神圣教导"的时代。"神圣教导"被喻为"光明"，这是一个强烈的信号，表明了"似神"的真实。神圣教导就是修复世界的工具（通过律法与诫命），而亚伯拉罕也时刻都在传扬诺亚律法与诫命。亚伯拉罕在传扬律法与诫命的过程中，自己也身体力行，行出诺亚律法与诫命的要求（首先是认识至高者 神）。亚伯拉罕不仅自己时刻持守诫命与律法，同时也将诺亚律法的诫命与要求吩咐自己的家人，更为重要的是，亚伯拉罕在自己和未来之间建立了一座桥梁，为将来至高者 神在西奈山将妥拉交付以色列民做了预先的铺垫。

无论从历史角度，还是从灵性角度而言，亚伯拉罕都是公认的世界主要宗教与文化之父，犹太信仰、基督徒、伊斯兰教都源出于亚伯拉罕。犹太信仰者、基督徒、伊斯兰教众占有世界人口的 55%。同时，从犹太信仰源流而出的诺亚律法也有着非常清晰源头，从诺亚经亚伯拉罕而流向基督教和伊斯兰教。因此基督教和伊斯兰教都有着诺亚 – 亚伯拉罕之根。亚伯拉罕的妻子、以撒的母亲撒拉去世以后，亚伯拉罕的经历对众人而言所知不多，此后亚伯拉罕又与基土拉结婚（就是夏甲，此出处请参见 Rashi 解创世记 25:1。Rashi: Shlomo Yitzchaki，1040.2.22——1105.7.13，中世纪法国拉比，著名塔纳赫评述家），在此之前，夏甲已经为亚伯拉罕生了以实玛利。基土拉（夏甲）后来为亚伯拉罕所生的儿子们，都被亚伯拉罕打发去了东方之地。拉比玛拿西·B. 以色列（Menasheh ben Israel）在他自己的作品 "Nishmas Chayim" 中写道："亚伯拉罕与基土拉的儿子们后来到了印度，他们传扬亚伯拉罕所教导的永恒与灵魂再生等概念"。拉比玛拿西认为婆罗门（Brahman，印度教最高等级），就是 "Abrahamin"，而 Abrahamin 则是亚伯拉罕的儿子之一，他后来到了印度（具体参见 Zohar，Parshas Vayera 99a）。另外，在耶路撒冷举办的 "第二届印度教—犹太教高峰论坛 2008" 上，有参会者再次重申，他们强烈地认同印度教—犹太教的双边关系，也都承认独一的超自然的存有。这位独一的超自然存有就是造物主，造物主管理宇宙万有，因此印度教与犹太教有着共同的价值取向与相似的历史体验。

佛教衍生自印度教，融合了许多印度教的元素。佛教一般被认为是"宗教"，但事实上，佛教却是无神论，认为"痛苦"是达到完美神性的路径。在佛教产生的时代，有作者写道："佛教并不关注人与神之间的关系，在佛教看来，神与人类苦难毫无关系，人的苦难来自人心的所思所想"。而佛教提倡的冥想也当作心理技术而广泛使用于当时的心理疗愈……"假如外在的力量大于自身的力量，那力量将与自身分离。毫无疑问，佛教中没有神，也不信神。"因此，当我们探寻"亚伯拉罕"公义的神学时，我们不难发现，东方这两种宗教与西方宗教（犹太信仰、基督教、伊斯兰教），各自的源头不同，发展路径也不同，但灵性传承的共同之处都在于"听"，而其最初的灵性源点就是诺亚律法。

当今世界，犹太信仰者、基督徒和伊斯兰教徒大约占世界总人口的55%，他们具有（亚伯拉罕的）诺亚律法的背景和圣经传统。印度教和佛教徒占世界人口21%。正如我们所提及的，他们有着亚伯拉罕教导的远古源头。因此，占世界人口总数76%的宗教人口都具有亚伯拉罕教导的背景，也就是说：他们具有诺亚律法的背景。

其他占有世界人口14%的比例，归类为无信仰者，主要来自中国共产党、前苏联、以及其他东方国家的无神论教育。用历史术语表述，在表面之下，他们都具有更深层次的共同记忆，或者说是具有共同的集体无意识。事实上，我们现在可以明显观察到宗教在俄罗斯、东欧的复兴，甚至在中国，都有着复兴的迹象。即便在那些依然是共产党统治的国家，仍有着基督教复兴的迹象，这就表明，"世俗人文主义"（特别是西方非共产党国家所倡导）同样也有着基本的宗教之根和宗教情怀。西方国家社会福利制度的根源就来自宗教中的慈善和公正概念。西方文艺复兴时期，涌现了最伟大的法学家，他们是胡格・格劳秀斯（Hugo Grotius: 荷兰法学家，1583—1645）和约翰・塞尔顿（John Selden），他们都以诺亚律法为基础，构建了西方社会的"人文主义法律体系"。

诺亚律法的教导和神学传承，源自以撒、雅各，以及雅各后裔的守护与持守。他们后来下到埃及，在那里犹太人开始繁衍众多，成为民族概念，之后全体犹太人来到西奈，在西奈，至高者 神通过摩西，将书写律法（指妥拉，也就是摩西五经）和口传律法（对书写律法的解释和说明）交付全体以色列民。拉比传统即在那日诞生，他们是口传律法的传承者和圣经解释学的唯一传承者，拉比们巨大而不可磨灭的贡献就在于他们代代传承神之律法，他们是伟大的学者，他们必将继续完整、统一地持守和传承神在西奈交付摩西，并由摩西教导我们的律法。

诺亚律法最初显明给亚当和诺亚，在西奈山，至高者 神在书写律法和口传律法中再次重申了诺亚律法，并使百姓确切地知道，律法早在亚当和诺亚时代就已经给出。诺亚律法的准确表述和细节界定均在口传律法中，这正是我们现在所学习的诺亚律法的来源。律法的广泛传播始于"西奈传统"，从西奈山开始，律法就代代相传，从未止息。因着诺亚律法的传播，律法印在了人类的思想和精神之中；同时，律法也成为诺亚后裔共同的历史和文化记忆，并沉淀在我们的潜意识，成为我们捍卫信仰的精神动力。当面对现代律法的矛盾和冲突时，诺亚律法就是所有现代律法的基础和分母。

亚伯拉罕生活在希伯来民族形成之前的久远时代，当以色列民在西奈山被形塑为希伯来民族以后，才逐渐形成了希伯来传统。换言之，希伯来传统始于西奈山。当今时代，尤其在西方社会，诺亚运动呈现出方兴未艾的趋势，世界各民族的传统其实都来自亚伯拉罕一神教教导，以及西奈山之后的摩西五经和众先知书。比如北美和英国（包括他们的历史和文化后裔澳大利亚）的文化基础和历史记忆，就直接来自诺亚律法在集体意识上的积淀。更为清晰的表述或许来自美国国会在 1991 年的宣言：

"鉴于普世价值和普世原则是社会文明的基础，在此，我们界定：普世价值和普世原则就是诺亚七律。

鉴于假如缺失了普世价值和普世原则，人类的文明必将回到混沌之中……（美国公共法 102-114）。"

在美国国会的律法宣言感召下，其他国家比如澳大利亚，陆军少将迈克尔·杰弗里在 2008 年写下了"诺亚七律……或者说普世的伦理原则适用于所有的时代，并在我们的日常生活中起着不可估量的作用"。在 2012 年，本书作者收到摩洛哥国王穆罕默德六世的信函，信中明确提到，"诺亚后裔的文化和信仰之根来自亚伯拉罕巨大的贡献，来自亚伯拉罕的信仰教导"；信中提到："亚伯拉罕的教导填补了文明与信仰之间的缝隙。"

最近，作者应邀撰写以"普世伦理学的教学"为主题的论文，该文的主要论点受到基督教和穆斯林学者的肯定与赞赏。基督教、穆斯林和犹太信仰都有着共同的、普世的根源，他们都一致认可，本文的基础建立在诺亚律法之上。作者在 2014 年收到欧盟现任主席赫尔曼·F. 隆佩的信函，信函中写道："向全人类分享神在西奈山向人类所颁布的律法……我非常荣幸地能有这样的机会，将自己的名字列在传播诺亚律法的清单中。"

神圣使命的第一部分：详细描述诺亚律法的世界观（理论），以便在世俗社会文化中能被大众理解与接受。

本书每一章之前都有概览或简介，这些概览或简介是本部分精要中的精要。本书的第 1 部分追溯了诺亚律法在人类历史上所具有的重要意义，以及通过人类社会的发展观所表达出的普世价值观。因此我们非常有必要从以下观点展开：（1）人类灵魂概念的产生　人类具有神的形象诺亚律法的基础有关灵魂的认知及其产生的根源，（2）进入精神领域　形成相关概念和理论体系，其后（3）深刻领悟诺亚律法在道德层面所具有的重要意义以及在心理学模型上所构成的人类特质。人类是复杂的综合体，除了精神意识和灵魂之外，还有外在的物理性行为，还有人际交往和人性等。通过对诺亚律法的深刻领会，我们可以建构人类特质模型，并由此领会（4）构建基于普世价值和普世伦理基础上的共同的世界观、共同的道德文化和社会组织管理。通过对诺亚律法深刻领会，进入（5）从国家层面上理解个体与国家的关系、个体与共同体的关系、个人道德修养与共同体道德（社会公德）、宗教与国家的关系等。并将进一步讨论和论述诺亚律法在国际社会中所应具有的作用和意义。

本书第 2 部分主要集中讲解诺亚律法的具体操作。并同时讲述普世价值和普世伦理为全人类共同的宝贵的精神遗产。虽然诺亚律法来自以色列传统，但诺亚律法所传达和表述的丰富内涵和细节，必将造福于全人类。在西奈山，律法的两个部分由至高者 神亲自显明：普世律法交付给全人类，在普世律法基础上增加的某些特别条款，交付以色列民。

本书第 2 部分的构思建立在上述传统之上，本书的写作力求通俗易懂，所有注释以及方法论的导读在第 6 章。本书写作用语追求通俗易懂，但更注重知识的传递。诺亚律法的来源是西奈传统。因此，读者万万不可忽略第 6 章的重要性，第 6 章是 7-13 章的基础。第 2 部分清晰地论述了诺亚律法之可操作性，详述了诺亚律法的具体操作。第 2 部分建立在第 1 部分的理论指导之上，理论与操作构成完整的整体。在诺亚律法原则的系统之内，每一项原则都有相关的禁止性条例。人们应该努力学习诺亚律法，遵行诺亚律法，更应该广泛推广和宣传诺亚律法。诺亚律法的普及与实施必将加快弥赛亚来临的步伐。

第 1 部分

普世伦理学理论

第1章　灵魂：人类具有神的形象

概览

在开始讨论诺亚律法之前，我们需要提出几个基本问题：（1）什么是"内在的精神"？（2）如何认知精神？（3）认知包含哪些内容（显明）？在讨论的过程中，我们会结合伟大的心理学家和思想家维克多·法兰克（Viktor Frankl）的观点，他所从事的工作涉及现代文明。

备注：维克多·法兰克：1905.3.26—1997.9.2. 奥地利神经病理学家和精神病学家，大屠杀幸存者，主要作品《寻找生命的意义》。创立意义疗法（logotherapy），该治疗方法以存在主义哲学为思想基础，法兰克认为，"人是由生理、心理和精神三方面的需求满足的交互作用统合而成的整体，生理需求的满足使人存在，心理需求的满足使人快乐，精神需求的满足使人有价值感。"对生命和生活意义的探索和追求是人类的基本精神需要，人所追求的既非弗洛伊德所说的求乐意志，也非阿德勒所说的权力意志，而是追求意义的意志（即 will to meaning）。而一些人在患重病、绝症，或遭受生活挫折，年老孤独或环境剧变时常常会感到失去了生活目标，对生活的意义感到迷茫，出现"存在挫折"或"存在空虚"的心理障碍。表现出对生活的厌倦，悲观失望或无所适从。

意义治疗就是用来解决存在挫折这一问题，帮助人们寻找、发现生命的意义。因此，意义治疗的目的是使求助者挖掘发现他自己生命的意义，其中至关重要的是使人改变对生活的态度和方式。保持对生命意义的追求。

灵魂是灵性的基础，与人类的身体紧密相连，代表着人类灵魂—精神—身体（也可以理解为心理—精神—生理）完美与最终的合一。灵魂能够理解并从事某些超越人类体力之外的事。虔诚的人可以意识到灵性的存在，并称之为神。

　　灵魂能够具有"认识至高者 神的知识"，从本质上说，这属于灵魂的非认知技能。灵魂可以看见神的显现、神的存在，并在智力的引导下，得以超越内心世界。灵魂具有神圣的认知属性，智力不能构建灵魂。神圣的认知属性（反射等级），即是经上所说"人类具有神的形象"，人具有神的形象其实是某种类同，因着诺亚律法的导入，人类如同神的镜像，因此诺亚律法的导入具有特殊而具体的意义。诺亚律法的传承来自亚伯拉罕的传统（诺亚律法起源于亚当和诺亚），但是成文和重申来自西奈。目前，世界各主要宗教都将注意力集中在诺亚之约上，毕竟他们的根来自诺亚律法。

1. 灵魂

人类的灵魂之柱

　　当我们开始诺亚律法的神学探讨时，将会涉及某些哲学话题，比如弗洛伊德思想，比如孤独的作家和心理学家维克多·E.法兰克。维克多"人类精神的整体性"理论对弗洛伊德的学说起到某种平衡作用，早年，维克多师从弗洛伊德，他的主要作品《活出生命的意义》，描述了作者在纳粹集中营的亲身经历，该书为 20 世纪最具影响力的十本书之一。该书的中心是维克多对人类精神的认知：在外部和内部环境压力下，人类会爆发出超乎寻常的意志力。该书在世界文化史上都产生了巨大的影响，但必须说明，人类超常意志力的爆发必须发生在"根本"之上，或者说来自智力的内在引导上。

维克多·法兰克在世的时候，他的理论在学界并没有得到广泛的传播与认同，心理学界也没有应用他的意义疗法。虽然有些学者认为，追寻人类存在的意义是现代心理学的基础，然而学界并没有给予维克多应有的荣誉，他的理论体系与思考成果在学界也没有引起足够的重视。

这种矛盾的现象正如维克多自己所言："来自形而上学的遏制"。

我们的主题在于通过对维克多思想精华的理解，进而讨论诺亚律法的概念，讨论人类具有神的形象；而不是对维克多的心理学理论展开解释，更不是为了在诺亚律法的讨论过程中，树立维克多的学术权威。维克多或许并不了解诺亚律法，可是毫无疑问，因着维克多的犹太信仰，他的理论与诺亚律法之间存在着重大的一致性。他的著作《活出生命的意义》为我们勾画出灵魂的概念，即"人类具有神的形象"。另外，维克多的某些理论观点不同于弗洛伊德，正如弗洛伊德所言："观点的不同撬动了对个人文化和信仰的压制与排斥，极大地影响并提升了个人对文化与信仰的思考"。

维克多高度评价了希望的意义，对人类潜能的发挥给予很多不同的描述，比如：精神力量、宗教性无意识力量、灵性直觉、超能力发挥、人类意志等。这些描述将人类的情绪、物质需求、理性，或者说智力等，与灵性、精神等作了严格的区分，这样的区分具有真知灼见。另外，维克多更为显著的论点是推动道德自我，超越自我中心主义。

人类自我认知的最高级、本能的展现，以及感官（维克多·法兰克将感官列出）等，构成了人类的身体与精神，并合成为原动力，推动人类以各自的立场在不同的外在环境中运行。维克多·法兰克将此原动力称为"心理学的有机体"（身体—精神）。不仅如此，我们还注意到：维克多不但对基本假设和价值进行了公正的判别，同时也对外部成因和正在发生的现象，做出了自己的判断，并更进一步界定了内心的冲突（原因）与外在身体的感受（生命、感觉、苦难）。内心的冲突（原因）会自动计算付出的代价，以及行动所产生的结果；但是原因不会做出是否应承担责任的判断。物质享受、精神的幸福快乐，以及生命本身都具有意义，幸福快乐的范围与程度则来自个体判断这一行为过程，这需要较高的意识与知觉。总的来说，卓越的人格勇于挑战生命极限（从生物伦理学来说，堕胎、安乐死；从社会学来说，性泛滥与人身伤害等都威胁到人类生存），因此维克多·法兰克给出了人类的行为标准，哪些应该做而哪些不应该做，哪些行为带来快乐而哪些行为带来苦难，以及具体的原因分析。所有的标准都是最终的基本标准：这些标准都具有较高的律法学意义。

人类的义务与责任

在诺亚律法体系中，居于人体之内的灵魂，或曰精神，是人类能力的体现，用于接收、理解和认识神圣。当人的这种能力，或者说良知处于活跃状态，比如处于运行状态时，这种能力就能将人的精神（内心）导向神圣。人类品质的不同体现于智力的不同，智力本身则处于模棱两可的状态之中。智力会自动形成某种防御机制或者做出某些合理化行为趋势（来自人类的特质：身体—情绪反应），而情绪则根据个人意愿倾向和个人偏好做出调节。这就解释了"神按着自己的形象造人"的含义，意味着智力具有"向上导向"的功能，追求更高的认知。当然，谦卑和诚实属于智力的一部分：我们知道，智力无法被核查或被最终证实，我们也无从知晓智力所使用的推断方式或推断类型，因为这些原则都来自智力固有的领域之外。

维克多·法兰克说，高我居于中心位置，是人类"责任的来源"，掌管人类所有的行为，高我受制于真我，然而在人类历史上，人们都呼叫神。人类有自由，但也应该为自由承担责任：人类的自由是什么？为什么某些人的决定会遭到其他人反对？世界的意义和价值、人类价值观的衡量以及价值核心的判定等一系列的问题被提出。而人类价值观的最高点就是：创造宇宙万有的神！对超越心理物理学意义的存有，怀抱感恩之情，这是最基本的灵性要求，也是社会文明的标志与象征。但这并不意味着社会文明中的一事一物都具有宗教意义；然而宗教，特别是一神教却能投射出普世的价值取向，我们会在下面详细论述。文明并不等同于理性本身：社会的发展应该是科学、系统和理性的综合平衡发展，然而如纳粹在德国兴起，最终只能证明是野蛮之重蹈覆辙。

当今人类，包括过去的人类世代，没有宗教信仰是否也"具有神之形象"？维克多·法兰克通过他的心理疗法技术——"意义疗法"回答了这个问题：无意识精神状态不具有宗教意识，但假如人真诚而又渴望扬升自己，他就会不断地追寻"为什么"？比如人类存在的意义。维克多·法兰克写道：

"当我们独处时，神是我们的密友，与我们同在；当我们孤独时，神是我们的密友，与我们同在。也就是说，当我们自言自语或在安静中独处时，当你寻求自身存在的意义时，你就可以呼求至高者 神。此时你可以超越无神论与有神论之间的分歧，超越各自的世界观。针对自言自语现象，无神论者认为，只是人的自言自语而已；有神论者认为，那是人与神说话。而我认为，最大的诚实就是最主要的认知基础，神一定不会和无神论者去争辩，因为无神论者对神的认识和称呼都是错误的。"

维克多接着写道："没有宗教信仰的个体，寻求意义的水平仅仅在心理物理学的水平面上，而事实是，神是万有的起源与结局的终点。"

2．关于灵魂的认知

寻求神认识神

　　灵魂与理性不同，灵魂寻求和认识至高者 神不以哲学为借口，神也不在经验主义的领域中，所以维克多·法兰克说，"本体"是理性栖居的现实。维克多写道：

　　我个人理解：所有试图证明神存在的行为，最后都沦为对神的亵渎。一个人能证明什么呢？他又能证明什么呢？只有本体才能证明自己，也就是说：内在的世界、万有，都有着某种神秘的自然关联。谁能证明大洪水之前的动物存在呢？但从化石中我们可以推论那些远古动物的存在。但神不是化石！没有人可以推论神的本体，神既不是整个自然界，也不在自然界之内。没有实体的路径能够认识神，但万有的各从其类都导向对神的认识，而不是本体论（形而上学路径）。我转向神，寻求神（不同于我所面对的世上的存在），当我理解了自己、理解了自己的整个人生之后，某些观念就开始产生，这些观念最后成为我真正的信仰基础。

　　我们的灵魂认识神，我们的灵魂认识至高者 神的卓越。

　　最典型的例子就是帕斯卡（Pascal）的论述，他说："我没有寻求你，我也没有找到你。"在形而上学的领域中，展现了卓越来自意愿的行为。

　　但这并不意味着信仰不能进入认知领域并把握原因。在信仰中有着许多美德，信仰可以内化并建立个人的人格特质和品质属性。从灵性的源头和万有的起初来看，神有着不可认知的属性。假如采用比喻的说法，那就是需要"观察"。

　　圣经中的预言基本都是在"异象"状态下接收或发生的，正如迈蒙尼德所解释的那样，但是，至高者 神在西奈山和摩西说话，将律法晓谕摩西时，当时在场的以色列百姓有上百万人之多，众人都亲眼目睹了整个过程（包括 60 万可以参加征战的以色列青壮男子）。当我们在日常生活中开口说话时，我们的灵魂可以"观察"或者"感受"并经历到至高者 神的同在。这样的时刻通常发生在无意识状态、意识状态、或者某些意识状态下。

所谓灵魂，就是通过灵性感悟而察觉到的实体，这个过程与圣经章节有着紧密的联系。比如《但以理书》10:7 所描述的那样，当但以理与众人在一起时，忽然之间，有神圣的异象向但以理显明，这异象只有但以理才能看见，与但以理同在的其他人却没有看见，这些人虽然无法看见异象，但也能有所感受，所以他们大大战兢，逃跑隐藏。《塔木德》解读这段话时认为，虽然与但以理同在之众人无法看见这异象，但是他们的"Mazal"（灵性）却实实在在地感受到或者看到了这大而可畏的异象。《塔木德》对"Mazal"有详细的论述，"Mazal"也有各不相同的表现形式，比如"他的灵在天上"（但以理书）以及"各人的守护天使"（塔木德）等。与《塔木德》同时代的某些作者延展了对灵魂的解读，认为"人有其灵，其灵在天"。而现代的人们通常使用"感觉""预感"等词汇以描述人的灵性状态。

正如《塔木德》所解释的那样，与但以理同在的众人中也有以色列人，虽然看上去与但以理没有特别的差别，但他们却无法看见异象，只能感受到异象的降临。人皆有灵，其灵魂之根在于对至高者 神的认识以及"似神"，但灵魂更为重要的一点就是：使人可以认识到自身灵性的存在。那么，灵魂的受体在多大程度上可以通过灵性的活动或者灵性的运行，甚至在危机催化下可以感受到灵魂的存在呢？（无神论者不在我们的讨论中）或者在某种主动性危机状态下，以及某种充满感恩的状态下，将个人体验带入到意识中呢？通常来说，人都是按着自己本能的意识行事。

似神

法兰克写下了自己"对人类的十个方面的关注":

人类最终都将意识到,人具有神的形象。人可以从超然的角度来理解自我。人类只有在与神连结的基础上,才能称之为人;只有人格卓越、道德高尚时,才能称之为人:其举止行为充分体现出人格的卓越与道德的高尚。人格卓越与道德高尚指的是其内心的公义与良善,人格卓越与道德高尚就是内心公义与良善的外在表现……人类要想真正地认识自我,就必须效法至高者 神(Inventio hominis,occurs in the imitation Dei. Imitation of G-d)。

效法至高者 神的重要含义就在于:对诺亚律法的教导和遵行,使自己具有神圣的属性和人格特征。在《创世记》1:27 中:"神就照自己的形象造人",因此,人类具有神之形象(Tzelem Elokim)。用卡巴拉语言表述律法所具有的神圣属性,就是神圣之光! 万有自神圣之光中有序产生。迈蒙尼德说:至高者 神的行为特征就是公义、道德与良善,虽然我们无法用语言更为详尽地描述神的特质,但作为神的创造物,必定也继承了某些神圣的特征。

诺亚律法揭示了人类内在的特质,例如:爱、严厉、和谐等,这些特质或者说人格特征都与神圣的诺亚律法一致,其不同仅在于"等级"的差别。人类的行为会对世界产生影响,即便在罪恶的环境中,人类美好的特质也会如火山喷发。当然,爱也会带来某些其他方面的负面影响,比如过度溺爱、唯利是图等。因此,我们需要严厉,以实现自我调节,使自我能趋向神圣,同时,严厉也可以使我们有勇气面对暴力和侵略。在人类内在的灵性状态中,在人类的动物性本能与神性之间有着某种动态的平衡机制,这种平衡如同一个动态化的模型,决定了人是偏向于神圣,还是偏向于自我;是具有神圣的形象,还是落入在动物性的层面；是战胜物欲还是获得智慧。而圣经中所吩咐人类的诫命和律法，目的是要让人类通过战胜自身内在的动物性冲动，而具有神圣的形象，进入神圣化状态。迈蒙尼德在论述 613 律法时说："神将律法晓谕以色列人，就是要以色列民改正自身的行为，使自己行为公义。"基于同样的原因，神也将诺亚律法及其细则晓谕全人类，从而使人类具有自我救赎的能力。自我救赎就是战胜人类内在的动物性本能，使自己进化至神圣的状态。

由此，诺亚律法中的每一条款，都与神圣的特质与卓越的人格特征相联系。遵行诺亚律法将使人类具有卓越而神圣的特质（或者说使自己内在的神圣特质不至于减弱）。比如禁止不道德的性行为，就与我们内在的爱有关，但由于这种爱是以自我满足为主要表现形式，因此，必须将爱限定在神圣的边界之内。人类具有爱的特质，爱的特质源自造物主，因为神就是爱，但是一旦爱的特质越过了边界，爱的特质就会发生扭曲和变形，从而给人类带来意想不到的危害。

布拉格的马哈瑞尔（犹太学者 Loew benBezalel.1520—1609.09.17）写道："随着人类社会不断地违背诺亚律法，有七位伟大的公义者（Tzaddikim），在人类精神领域中发挥了不可估量的作用，这些伟大的公义者依次在他们的时代教诲人类遵行律法，并使当时的人类从前几代人所犯的、背离律法的罪恶中回头。亚伯拉罕就是光辉的典范，他使当时的人类从荒淫放荡中回头，寻求认识至高者 神的知识。以撒使人类开始寻求公义；利未使人不再偷盗；哥辖（Kehot）使人离弃偶像崇拜；暗兰（Amram）使人远离谋杀；而摩西则使人学会尊重神的创造（摩西教导百姓不可虐杀动物）。亚伯拉罕为人类树立了伟大而卓越的人格特征，因着亚伯拉罕的良善（Chesed），以撒具有了严厉的特征（Gvurah），而雅各则更多地体现出和谐的人格特征（Tiferes），神圣的特质代代相传，这些人格特征今天称之为情绪特征或人格特征。因此我们认为，在诺亚律法和神圣特质之间必然具有紧密的联系。

3. 启示

诺亚律法的形成与历史传承

如何才能做到"似神"？法兰克以视觉类比为例，在《活出生命的意义》中写道："人们观察画作，通常采用地平线投影法。将目光聚焦于某中心点，而这一中心点在整个视觉图像中占有绝对重要的地位。这一中心点的实质就是：点虽然不是整幅图像，也不代表点本身就是图像，但这一点却是整幅图像的核心。点可能没有出现在图像中，视觉也无法观察到点的存在，但这一点却是整幅图像的基础和构成要素。

诺亚律法与我们当代的价值观念毫无不同，而且诺亚律法与现今我们的价值观具有共同的基础。当我们追寻我们的道德原点时，我们会发现，所有卓越的人格和美好的人性特质都来自那个原点。这一切都是如此的显而易见，这原点是所有公义、良善和道德的基础。人类所有一切的美好特质都从这原点发散而出。以色列人祷告时，总是使用6句话，"以色列啊，你要听……"然后说："至高者 我们的神是独一的主。"因此，施玛篇也是人类道德的最为基本的核心。

法兰克使用了"价值传承"（Wertlinien）这一术语，或者说普世的价值与伦理都出自"核心处的那一点"，那一点我们虽然眼不可见（Vanishingpoint），但真实存在，那一点就是"独一的神"。

同时，"似神"是诺亚律法中最为重要的概念基础。法兰克的学生伊丽莎白·卢卡斯（Elisabeth Lukas）在其作品中不但对普世的公义、道德、良善有大量的描述，而且论述了更高的人类道德边界。法兰克鼓励人们去发现生命的意义：生命的意义既不是相对，也不是纯粹的主观。卢卡斯写道："公义与良善的心是我们价值观的基础，是所有美善行为的先导，任何人的内心，本质上都先天性地携带有公义与良善的因子。"

从古至今，几乎所有的人都没有能力直接掌握诺亚律法所包含的全部知识，过去没有，现在也没有。当至高者 神在西奈山将律法交付以色列民之前，亚当、诺亚、先祖亚伯拉罕、以撒、雅各都遵从至高者 神的旨意，学习并遵行律法的教导。到了摩西时代，摩西以他独有的先知性力量接受从至高者 神而来的律法和诫命，并将律法和诫命晓谕全人类。塔纳赫中所有的先知书和作品集都与摩西五书和口传律法有着紧密的联系，传统的圣经注释更是如此，由此代代相传直到如今。

律法不仅是有关信仰的书面文书，也是人类道德规范的总纲和行为规范的具体指导，必须代代传承；同时，律法不但可以通过经验实证，更与人类灵魂深处的潜在认知产生共振。诺亚律法中的"似神"不仅具体而明确，而且更有着历史性的重大意义：因为认知、启示和信仰都必须具有其历史传统。所以我们今天还会牢记摩西的教诲："以色列啊，你要听，至高者 神，我们的神是独一的主"。独一真神的概念在亚伯拉罕的教导中就已经有了具体的说明。法兰克也认为：

假如一个人没有信仰的传统，其心目中也一定不会有他人，也不会与他人交流。因为信仰性的语言交流在具有共同信仰基础的群体中使用。

没有信仰基础的人，其生命毫无意义。

普世伦理学在现代的再次普及与广传引起全人类的巨大关注，特别是对世俗观念中所谓自治和自由的冲击。许多人认为，"自由就是一种解放运动，打破一切的羁绊和牢笼"，但自由真正的含义却是"约束人类的欲望"。假如人只有躯壳而没有灵魂，那么"给人以神之形象"就是一种强制性约束。法兰克十分清楚：诺亚律法的神学基础和神学体系就是"自由的来源"，就是对律法的遵行。诺亚律法就是人类基本精神和道德的基础。法兰克说："人类的精神自由只能来自对律法的遵行。"

我们在律法之下，我们遵行律法的教导，律法为我们生命的一部分，于是我们在律法中得自由。在神之律法的秩序中，我们与至高者 神再次连结。对律法的执行，既不放纵，也不严苛（Ibid P48）。

　　即便认为自由就是免于一切的约束，此种观点依然具有诺亚律法的部分真实。这种真实就是：自由选择遵行诺亚律法的道德规范。但不遵行诺亚律法则一定不会有真正的自由。可以肯定的是：人类的精神和道德得以提升的唯一之路就是遵行诺亚律法；唯有遵行诺亚律法，才能成就人类精神的完全。唯有遵行诺亚律法，才能造就每个人独特的人格魅力和精神特质。卓越的个体和人类大众都是人类文化与社会的构成，都将在遵行诺亚律法的基础上得到整体提升，遵行诺亚律法的核心就是侍奉至高者 神，尊崇至高者 神；在侍奉神、尊崇神的过程中，人类得以完全。

第2章　智慧：理性与诺亚律法

概览

　　本章将从人类独有的特征开始，从对灵魂的使命和对灵魂的认知开始，探讨人类理性以及合理性原则与诺亚律法之间的关系。通过对那些伟大的社会学家，比如对马克斯·韦伯（详细对比马克斯·韦伯、罗素、康德以及亚里士多德的观点）的解读，来印证合理性原则与诺亚律法。

　　首先，需要界定合理性原则，合理性原则与信仰有密切关系，是灵性知识的必然结果。韦伯认为，真实的信仰属于个人主观行为。而罗素则试图批评信仰的客观性，试图将信仰描述为科学与逻辑的对立面。但是，针对诺亚律法的神学理论而言，信仰是对创造的客观境界的超越：因为敬畏至高者 神、似神以及神性都已经映射在人类的灵魂之中。同时，在信仰的体系与理论中，诺亚律法前后完整一致，无论从信仰而言，还是从理性和世界的角度而言，都毫无相互矛盾之处。

　　其次，诺亚律法的合理性原则体现在律法的最高目标之中，其最高目标就是"服务于人类"。在韦伯的理论体系中，普世伦理学的特性就是康德哲学中的自由、一致、相互影响，以及人类与自然的和谐相处。而诺亚律法的本质和最高目标就是调谐人类的利己主义倾向，通过对诺亚律法的遵行，从而达到人与自然的和谐一致。

　　最后，道德的基础和本质就是合理性原则。韦伯对道德持有绝对的肯定（韦伯的道德论十分类似于亚里士多德学说中的"意义"），认为道德是"成功的标准"，也是大自然的本质特征。诺亚律法的本质特征就是"似神"！通过"似神"使人类得以完全。

1．信仰

韦伯和罗素：对超验领域的否定

　　韦伯是社会学者，而伯特兰·罗素则是哲学家，他们二人都否定超理性的客观存在，否定信仰的意义和价值。韦伯的论点初看起来似乎非常奇怪，韦伯著作的主要焦点集中在宗教的历史社会学上，这在一定程度上有助于他对西方合理化运动和资本主义运动兴起的分析。韦伯的社会历史学理论解释了社会的历史起源与构成，社会经济与社会文化的兴起，在原始社会经济与文化基础上所形成的原始宗教价值等，当然，韦伯的理论可以作为某种宗教世界观的客观参照。他写道：

　　我们不能通过对结果的探索而系统、完整地理解世界的意义，无论世界多么完美，我们都应该要切实地理解我们自身存在的意义。世界观的形成不能以先天的经验知识为主，世界观的形成，构成了人类的最高智慧结构，使人类具有更加强大的精神动力，世界观来自不同概念之间的冲突，在我们不断的思考与精神锤炼下，世界观于是成为我们的一部分。

　　尽管人类对信仰有着尊重，但我们必须要判定该种信仰是否神圣，判定的过程本身就是对人类终极价值观的追溯。韦伯的论点只是他的个人理解，假如没有客观的真理标准，人必将落入"泛神论"或"神明冲突论"。

　　针对韦伯的观点，马克斯·谢勒（译注：Max Scheler：1874—

1928，德国著名的哲学家和现象学家，现象学、价值伦理学的创立者）写道：韦伯用客观和个体取代了最大化的客观存在，且忽视了普遍的价值伦理和生命存在的意义。

韦伯所拒绝的，正是信仰中最为重要的部分——信心，同时韦伯将信仰的合理性原则与科学分离；韦伯的观点在罗素的文章中有着特别明确的表述，罗素称之为"神秘主义与逻辑"。罗素在"宗教的神秘性与逻辑"（也有译为"宗教的神秘性与理性思维"）之间构建了四个相对立的极点，这四个极点分别是：（1）建立在直觉或内在洞察力基础上的、具有理性分析能力的神秘主义思想；（2）神秘主义思想注重对象的整体性，逻辑思维注重对象的多元性；（3）神秘主义思想忽略时间因素，而逻辑思维注重于时间线；（4）神秘主义思想认为，恶为人心中的幻觉，而逻辑思维注重善恶之间的实证分析。

理性思维和神秘主义思想之间存在着严重的对立，在罗素的宗教观中，没有宗教的客观性存在。那么，何为正确观点呢？我们希望将"神秘"从"理性宗教"中分离出来，罗素接着说："所以我不是基督徒"。罗素试图以理性主义方式，通过时间与空间之间的因果关系而解决"上帝存在"的争论。但是罗素完全漠视了"第一原动力"的存在，而第一原动力理论则论证了至高者 神的真实存在，第一原动力理论以回溯法论证并发现了元规则。但罗素坚持认为，没有令人信服的观点可以说明世界的产生来自原动力和元规则，世界产生自随机性触发事件。

罗素不承认"普世伦理"，他宣称，假如世界的受造来自造物主的美善，那么在造物主创造世界之前，一定有某种标准存在，人类为什么会需要造物主？罗素拒绝"设计说"，他问道：谁判定设计的好坏呢？同时罗素也推翻了自己先前所提出的终极道德论，他说："除非上帝存在，世界无所谓善，也无所谓恶。"罗素接着说，假如上帝判断善恶，那么在一个人行善时，一定有恶预先出现在上帝的面前，而上帝超然存在，并不关注人类的善恶。

在上帝是否存在的争论中（罗素拒绝神的存在），有些论点认为，神在时间和空间的因果架构内，是时空因果的内在固有，这种论点取代了神的创造性和神的存在。而我们的观点则是，万有的和谐存在来自神的创造。我们坚信：我们可以回应同时代的各种观点和疑问。犹太先哲们（比如鲁巴维奇、曼纳凯姆·M.尼尔森）说："你所不信的神，我也不信"，对于坚信神的人而言，神是时间、空间和因果律的创造者，神超越时间、空间和因果律。

诺亚律法的神学理论：超验的客观存在

用诺亚律法的神学理论分析韦伯的哲学观：在韦伯的概念中，没有超然的客观存在，韦伯认为信仰本身就是一种明显的错误，人也没有灵魂。而诺亚律法的神学理论重点就是人类灵魂对至高者 神的认知，人类灵魂如同受体，可以感受和接受神的存在，在某些方面具有"似神"的特质。灵魂本能地可以看见和感受神的存在，也有能力感受和看见灵性的存在以及对未来的预感，人类的精神潜能来自宇宙法则，来自人类灵魂的"似神"。虽然还不能证明或者反驳人类具有共同的灵性之根，但是，通过对不同文化背景的观察和论证，人类精神具有基本的共同之处，比如对神的认知和追寻。按照圣经理论和圣经注释，人类对神的认知和追寻，充分体现了人类寻求救赎的本能。

罗素反对任何神秘主义观点和神学原理，认为神学损害了理性和科学，这在前面的概念性介绍中也有所提及。正如我们所提到的那样：有两种完全不同的存在领域，因此神的创造力也各有不同：卓越、无限、创造万有的力量来自其最初和终极的统一。

与卓越、无限、创造万有的力量相连结，还有另一种创造力存在。

这种力量称之为"收缩"，类似于色彩过滤器，所有的色彩经过滤器，都将还原为白色。收缩力量的存在就是对无限创造之光的筛选和折射，从而形成有限和特殊外观。无限和界定这两种创造力量，都来自至高者神，是对永恒创造的调节。

世界的形塑来自收缩的力量，我们清晰地可以将此种收缩的力量理解为"自然"。自然不但存在于时间、空间的因果架构内，也存在于其他的架构之内。人类智力对自然本质的理解是通过创建其他的空间架构而实现的。所有的人几乎都试图想要探索自然界的表象背后究竟存在什么？而万有的生命就产生于处于表象背后的、基本而统一的功能性元素，这功能性元素就是生命力。生命力的本质特征超越了人类所能理解的范围，远在人类理解的边界之外，但人类的灵性却可以通过信仰而触及万有的基础，触及万有的来源。

犹太信仰彻底解决了罗素学说中的矛盾之处：（1）灵魂具有强大的直觉功能，具有触及深层领域的能力，同时分析也可以抓住行为表象，行为表象就是收缩、现实的本质和创造。罗素错误地认为：竞争是万有内在的本质，但万有却是共生与相互依存的，万有的共生与相互依存同样也解决了罗素在神秘主义与逻辑之间的矛盾之处，其实这仅仅是一个简单的举例：万有相互依存。（2）在超然的神圣领域之内，神圣的创造力量以某种统一的方式连续发生创造，而同时，神圣的收缩力量也在固有内在本质的表面创造出结构的多样性。统一与多样性之间没有矛盾，万有在不同的空间领域之间相互依存。（3）影响结构的最主要因素是时间，收缩力量通过时间起作用，使结构在时间架构内形成序列而产生变化。也就是说：创造的卓越性体现在神之圣名的语源学结构之上（在神的话语中，是、已经、将要等时态都在同一个状态之下），超越了时间和空间的存在。（4）至高者 神超然于善恶之上，不在善恶之间。但就收缩的力量而言，至高者 神希望人类能具有美善的行为（神对人类的鼓励性律法与诫命）同时远离恶行（神对人类的禁止性诫命与律法）。
这就是神对人类的分别，人类通过美善而远离恶行，是神对人类的期望
和最终目标。理性及其领域同样属于创造的内在本质，存在于超然的内
在规律之中。

　　信仰不仅可以感受并看见神圣的创造之源，同时信仰也具有内在的
价值判断标准，可以领受神圣所显明的属性。这些神圣的属性运行在人
类的灵魂之中，以语言的方式显明为神圣的律法与诫命，这神圣的律法
与诫命就是：诺亚律法！

2．理性的领域

韦伯和康德：人类目标中的合理性与协调性

　　什么是人类的终极客观？韦伯虽然没有给出自己的答案，也没有给
出最终的道德目标，但认为道德有其合理性。韦伯将道德合理性称之
为"专业与职业的内在指导"。在此，韦伯提出了"道德责任"的概念。
通过"道德合理性"的定义，韦伯展开了自己的理论学说。通过对"道
德信念"的定义，韦伯认为"道德信念"就是终极绝对（纯粹价值），
道德信念对行为几乎不产生影响。但韦伯同时又认为：价值观念对政治
理想具有强烈的影响，政治人物的激情通常来自其信仰。"道德责任"
的功能之一就是在道德合理性调节下，使政治家的道德立场具备适度的
范围。

　　韦伯赞同并接受康德的"绝对法则"理论，并将康德的"绝对法则"
与自己的学说做了对比。但是韦伯的"道德责任"与康德的"绝对法则"

在某些重要方面并没有关联性，也没有相似性。沃尔夫冈·施鲁赫特（译注：Wolfgang Schluchter 德国社会学家 1938 年出生于路德维希堡，2006年任海德堡大学教授，知名宗教社会学家和社会学理论史家）说，认知论主义者以其自身的行为反映出他所具有的道德原则，如同康德；康德在"绝对法则"的描述过程中就提出创造某种道德标准的愿望（当你本身成为法则的一部分时，即可展开行动）。

　　韦伯的价值观，更多的是对先前的理论传承，而不是"批判"，即便是批判，也是某种"反身自代"。也就是说，理性主义者认为，信仰或个人信念使人更加理性。但康德认为，理性主义的核心是自由、包容、协调一致与互惠。在韦伯的伦理学中，康德的概念得到了大量运用。

　　康德哲学理论的核心是自由，韦伯对康德哲学的传承简要介绍如下：在康德的理论中，人类既具有情感特质，也具有理性自我。情感和理性都是人类智力的一部分：情感属于感观部分而理性属于认知部分，人类的自由只能发生在理性部分。伦理学的概念源于这样一条律法真实：我所行的，为我做判断（which I give myself and to which I submit because I have given it）。理性体现为一种能力以及能力所产生的行为结果。能力所产生的行为又放大和增强了情感冲动。情感冲动之时，人虽有接受和拒绝这种冲动的自由，但是却不可不加鉴别地随从情感冲动。而在韦伯看来，情感（激情）则是政治家必备素质之一。激情和稳健都是道德伦理学的基本原则立场，伦理标准的执行就是"判断"，保持内心的宁静，接受某种状态，也就是说，使人们可以置身事外地冷静观察。

　　康德哲学主张不断地思辨，以解决矛盾。在韦伯看来，在现实和道德伦理之间具有一条假想的价值传承链，思辨本身就是这根传承链的具体体现，最后现实的价值传承与道德的价值传承相互融合，化为具体的行为方式。确实，韦伯揭示了具体理性架构和普遍理性原理所具有的部分特征。通过理性，人们寻求其准确的社会地位并寻求与社会地位相一致的行为模式。透过理性，人们将会认识到：

（1）必由之路；（2）必要面对的未来；（3）价值与行为模式之间可能出现的多种冲突。

从康德哲学中有关理性的普遍性原理出发，韦伯针对康德的"绝对原则"概念给出了自己的定义与解释，同时在绝对原则基础上建立了行为原则。韦伯认为，价值定位与价值作用不可能永远不变，与此相反，普世伦理学应含有俗成约定的规则以及对不同概念之间的清晰定义与描述。在必要的观点冲突的背景下，不存在"理解"和"原谅"，只存在"为什么"以及"为什么无法达成理解"；对此，韦伯解释说：

目标的合理性范围就是必由之路，必由之路为我们提供了思考与决策的基础和依据，我们将以此做出假定，对可能产生的不良后果做出判断，同时也在多种期望值之间做出抉择或者某种妥协。

康德的"绝对法则"在韦伯理论中有多少保留和继承呢？施鲁赫特在"伦理价值的探讨"中说道：

检验绝对法则的准确性必定来自不同价值观之间的交流与对话，交流与对话的基础可以预设。采用分析哲学的技术手段对康德哲学中的宗教论点进行解析，具体采用以下方式和程序：首先移除自然伦理状态，因为信念会受到自我欺骗的威胁；然后再对具体形态的价值观念进行探讨，从而获得自我澄清的能力并建立责任感。这是理性需求所必须追求的。

普世伦理学对人类的要求与规范就是：减少自我的片面性意识，更多展现对他人观点与立场的尊重，以理性与宽容面对他人的价值观。

诺亚律法：理性与普世性的完美统一

诺亚律法的合理性建立在普世的永恒价值基础上。前面我们讨论过人类的精神自由（来自激情或冲动），探讨了不同观点之间的一致性与有效性。各种不同观点的部分真理都在诺亚律法中有着具体体现。所不同是，虽然我们上面的讨论未涉及自发的个体意志与目的。但在诺亚律法中，对人类个体意志和行为目的有着严格的要求，因为人具有神的形象。

康德认为自由与最高智慧紧密相连。康德的观念受到广泛的认同，这意味着理性凌驾于冲动之上。但从诺亚律法的观点来看，康德的概念依然不够完整：首先智慧必须从某处获得其首要原则。假如不从激情的反射而来，或者不从毋庸置疑的假设而来，那必定有其确定性、非理性可理解的真正源泉。智慧的真正来源究竟在哪里？在诺亚律法中首先展现了"侍奉至高者 神"的观点。侍奉神、敬畏神就是把自己从情感驱动中解放出来。一旦我们将自己从情感驱动中分离出来，我们的智力就更容易认识灵性的知识，也对具有神的形象有更加清晰的理解。

智力将会把自己置于灵性之下，接受灵性的指导（比如信仰，灵性能感受神的同在），并使自己远离情感（感官）的诱惑和外在的偏见。此外，自我克制是通向统一、连结、和谐的灵性之路。当我们将自己的思想和精神集中在"独一的真神"上时，与神合一就是我们不可动摇的基础。诺亚律法不同于实证主义（比如韦伯）和抽象理论（比如康德）的道德律，因为诺亚律法为至高者 神的诫命，具有神之形象和神之威严。因此，诺亚律法被称为"灵性智慧"。

诺亚律法所具有的神圣特性对人类灵魂具有协调和指导作用，诺亚律法本身就是神性的工具，用于强制性调节人类活动，规定了人类行为的范围。正如先哲们所言："律法不是至高者 神所恩赐的吗？我们不是从猫的身上学会谦逊，从（禁止性诫命）蚂蚁的身上学会不可偷窃吗"（Talmud Tractate Eiruvin100b）？律法为人类社会提供了秩序和行为规则，人类的智力将会对此做出判断并遵行律法的各项规定。

正常的智力会选择必要的、与智力水平相一致的行为模式，比如寡言，以及为保护自我道德而采取的其他限制性措施，而诺亚律法就是对人类最好的保护。

诺亚律法不仅是对人类最好的保护，同时也消除了各样的冲突和暴力。这是诺亚律法合理性原则的重要意义所在，诚如韦伯所言，当时常深思自身行为可能会对他人产生的影响。反暴力冲突的最佳方法就是创建和平与安宁：如何创建和平与安宁？首先目标明确，意志坚定；其次要有推进和平的具体措施；最后积极主动的合作与相互理解。

诺亚律法的终极目标就是为"人类居住的世界"带来和平与安宁。正如《以赛亚书》45:18 所言："至高者 神创造坚定大地，并非使地荒凉，是要给人居住"。从深远的意义上看，诺亚律法属于禁止性律法：例如，不可亵渎神的名，不可偷窃，不可杀人等；因此，诺亚律法是对野蛮的约束，其意图在于从无序状态中建立起有序化秩序。诺亚律法是对人类行为的规范，禁止人类的无节制暴力行为，从而导致人类社会的分崩离析。诺亚律法将人类道德水准提高到了前所未有的高度，韦伯将康德理论抽象化为"有序"，而诺亚律法的终极目标就是人类社会的有序化，人类社会只有在尊崇至高者 神的前提下，才能有序、才能远离野蛮和暴力。而诺亚律法中尊重他人的原则，同样源于对"至高者 神的尊崇"。

从更高的意义上说，诺亚律法不但不是禁止性律法反而是主动、积极的律法与诫命，其积极主动体现在"从无序中创造出有序"。诺亚律法的意义就在于：为人类创建和平与安宁的居住环境。人类自身的和谐和安宁，人与自然的和谐，以及至高者 神的亲自临在。布拉格的拉比玛哈拉（Maharal of Prague）说，在创造的起初，至高者 神的临在体现为万有对神的敬仰。这就是说，当万民都遵行神的律法与诫命时，神就与我们同在，神亲自临在我们的世界；人类背离了神的诫命与律法，神的临在就离开人类的世界。在神降临西奈山向摩西和全体以色列民显明之前，神一直没有"临在"人类世界。在西奈山，至圣者 神再次重申，将诺亚律法交付全人类，并在此基础上又特别将 613 律法交付以色列民。由此，神与人类的联系得以再次建立。人类世界的进步和人类精神世界的提升基于以色列民对 613 律法的遵循和全人类对诺亚律法的遵行。人类世界的和平与人类精神世界的提升在于神圣的充满，所以迈蒙尼德说：

在神圣充满的世界中，既没有饥荒，也没有战争；既没有嫉妒，也没有竞争；在神圣充满的世界中，一切皆为美善，幸福快乐仅为常态，那时，全世界都将认识独一的至高者 神，全世界都将敬拜独一的至高者 神。（Rambam，Hilchos M' lochbim u' milchomoseihem 12:5 <trans.Rabbi E.Touger>，NY:Moznaim 1987）

公义的成因

韦伯和亚里士多德：理性与自然成就（备注：自然成就指的是：水到渠成）。

韦伯试图对前人的道德伦理观做出某些修改与再定义，以此形成自己的道德伦理学说，在现实行为合乎实际的前提下，确保某种程度的成功。对此，我们首先要理解什么是韦伯所说的"世界的自主逻辑"，只有理解了"世界的自主逻辑"概念，才能澄清什么是"非理性后果"，才能定义什么是纯粹的伦理学。

衡量是否成功的标准同时也是伦理学标准。亚里士多德对此有极其详尽的描述和定义。在《尼可玛各伦理学》中，亚里士多德伦理学的核心就是"意义"，意义是道德伦理的规则和标准。也是理性成功的标准（译注：Nichomathean：古希腊哲学家亚里士多德的哲学著作，共十卷，为亚里士多德最重要的著作之一，被认为是亚里士多德本人在吕克昂学院中的讲座笔记，因其父或其子尼科马库斯而命名）。成功具有物质和精神属性，如同人体的健康状态一般。哈比（P. Huby）在《希腊伦理学》中将亚里士多德与众多的伦理学家和物理学家做了对比分析之后认为，亚里士多德所采用的路径分析是：

……首先好人与坏人之间有着明确的标准界限，正如同在健康与疾病之间有着明确的分类。健康的人在饮食上有节制，而不健康的人则暴饮暴食，毫无节制。同理，好人有节制，渴望行出美德与善行；而坏人则肆无忌惮、肆意妄为，被感官的"快乐"引入歧途。

亚里士多德认为："意义是自然的本质"。对此，马文·福克斯（Marvin Fox）认为，意义为自然法则中的美善，是自然的和谐与平衡。而韦伯则认为，意义就是世界自主逻辑的本质。

尼古拉斯·雷斯彻（译注：Nicholas Rescher：德裔美国哲学家，科学哲学中心主席，匹兹堡大学哲学教授、哲学系主任，曾任全美天主教哲学协会主席）对伦理学的理性"自然模型"给出了详细的解释，基于"真实的合法性"，尼古拉斯十分直率地给出了终极理性的解读和定义：

如果我们的价值观念与我们所确定的终极目标不符合自然法则，违背了我们真正的合法诉求，那么无论我们对此付出了多少努力、倾注了多少汗水，我们依然无法达到完全的理性成功（终极目标的谬误，无论组织的多么有效，最终结果依然是谬误）。

尼古拉斯·雷斯彻说："阻碍个人充分自我实现的价值观显然是错误的价值观"。那么哪些才是最好的价值观呢？是我们祷告时的信心，还是放弃现实的物质需求？还是追求不为自然科学所理解的某种自我实现？亚里士多德对此给出一个关键性术语："人类的繁荣"，人类的繁荣是道德伦理学的最高目标。如何理解"人类的繁荣"所要表达的内在含义呢？尼古拉斯·雷斯彻依据其早先所提出的"真实的合法性"概念，对"人类的繁荣"做出解读：认为人类繁荣就是"客观需要的达成与满足"。他如此解释说：

　　理性的终极本质体现在一个简单的事实中，那就是满足人类需要的多样化，不仅满足生存和安全的需要，也满足人类的信息需求和认知取向、情感需求、行为的自由需求等，诸如此类。一旦缺少了多样化之后，我们就无法达成亚里士多德所期望"人类的繁荣"。假如人类无法满足自身的多样化需求，极有可能会产生暴乱和破坏等一系列非理性行为。

　　简而言之，伦理学的本质乃是生物伦理学。而伦理学家就是医生，医生将对人类发展有益的道德价值观推广介绍给人类，这些有益的道德价值观将使人类从自我状态下，进化至协调与合作。自然是唯一的自主主体，成功和幸福的唯一来源就是遵循自然的法则。

诺亚律法和理性的精神取向

　　假如世俗的理性需求来自人类内在的生物本能，那么诺亚律法和诺亚律法的立论则来自人类生物本能的对立面。首先，本能并非自主运行：本能的运行也同样有着灵性的来源。当本能从其精神源头下降的过程中已经具备了败坏的能力，而人类智力同样也具有败坏的愿望，这是创造过程的预制内嵌。其次，规范化的重要意义并不来自本能与社会的协商（价值判断的标准隐藏在"成功"之中），而是来自至高者 神所给出的价值标准。至高者 神的标准不仅为人类行为提供参照，同时也保障人类社会"成功"的长期性以及保证了个体本能需求的"成功"与满足。理性对人的日常行为产生影响，因此有必要根据灵性的来源，对本能需求与社会需求做出界定与规范（特别是人类试图对某些价值观念的影响和更改）。

　　上述要点在对比亚里士多德的"意义"理论与迈蒙尼德的教导时，得到了验证。迈蒙尼德在《密西拿·前言》特别提到"宇宙之父"，同时在"个人发展"部分，提到"行为特征"。详细的论述都在《密西拿·律法》之中，迈蒙尼德的观点很大程度上与亚里士多德的理论有着高度的一致性：个人的美德体现在遵行至高者 神的旨意，行走在至高者 神的旨意中，既不偏左，也不偏右。

迈蒙尼德立场鲜明地指出：人的美德体现在遵行至高者 神的旨意中。慷慨为吝啬和浪费的中庸，马文·福克斯通过观察，总结道："迈蒙尼德所理解的……规则，涉及意义的角色，而规则源自意义。

在傲慢和谦卑之间，我们不能找出中间的意义，但是我们接受所有的谦卑。事实上，亚里士多德也认为人类的有些行为是全然美善，而有些行为则坏到极处，道德败坏泛滥到无以复加的程度。但在哲学家之间对此问题的看法也各有不同，马文·福克斯写道，迈蒙尼德的理论虽然未涉及对自然规则的解释，但更多地谈到"似神"，"灵魂医生必须接受至高者 神的训练，达到神的标准"，不同于人类对动物的训练，灵魂医生引导人类灵魂整体性地归向至高者 神的意愿。那么,我们不仅要问,为什么迈蒙尼德要使用"意义"这个词呢？而事实上，意义也就是迈蒙尼德所说的"神之意愿"。是自然规则，是平衡之点。

对此我们首先可以理解，迈蒙尼德所说的"意义"就是相互作用与协调，是极端之间的平衡点，意义不仅指向中间，也使极端能接受意义的存在。在两极之间，意义代表了和平与理性。拉比鲁巴维奇说，人类优秀的特质是居于两端之间，"这样就可以给对方足够的空间"。迈蒙尼德在《密西拿·前言》中说："热爱真理与和平"，"和平就是自然的美德，自然将和平带给世界"。"和平"是理性规则，是神圣创造中的理性行为秩序，也是神圣律法运行与执行的规则。这就是"意义"！

"意义"是理性的核心概念，是和平宁静，是精神的平衡与协调。

迈蒙尼德更多地强调对人类行为（halachic）的规范，对人类行为的规范就是"意义"所在，什么是"意义"？意义就是行走在至高者 神的旨意中。鲁巴维奇问道："什么是至高者 神的旨意？至高者 神的旨意就是神的诫命与律法。那么为什么迈蒙尼德在至高者 神总的律法与诫命之下，给出众多的细则与条例解释呢？就是为了更好地行走在至高者神的旨意中。

迈蒙尼德和鲁巴维奇对上述问题的认识，均来自如下的认识：律法与诫命的每一条细则，都预先内嵌在人类的内在意识和精神之中，对律法与诫命所规定每一条细则的遵行，都将会形成人们特殊的品质。正如先哲们所言：感谢赞美归于至圣者 神，神是全然的美善；所以我们当要行出美善，只有行出美善，我们才能"似神"；感谢赞美归于至圣者 神，神是全然的仁慈，所以我们当要行出仁慈，只有行出仁慈，我们才能"似神"。鲁巴维奇解释说：为了行出内嵌在我们意识深处的律法与诫命（虽然有时某些行为结果是无意行出的），我们必须"行在诫命中"；行在诫命中就是："行在至高者 神的旨意中"。而行在至高者 神的旨意中就是灵性的提升，灵性的提升只有在遵行律法与诫命的基础上才能实现：因着我们坚定的信仰和灵性的侍奉，因着我们努力寻求"似神"，我们才有可能与神连结，才有可能真正地达到"似神"的境界。所以我们要努力行出美善、行出仁慈，把公义、道德、良善带给世界。使人类的精神与理性相互感应，相互调谐。

在《密西拿·前言》中，迈蒙尼德详细引用了先哲的教导，"人不能光说不做，不能因为对律法的不理解就放弃对律法的遵行（比如饮食规定以及对不洁的处理等）。我们或许会发现某些"不可思议之事"——比如对律法的背离。有人会说，我真想如此而行，但我又该如何行呢？我在天上的父禁止我如此而行。这种现象明确表明：理性无法侵入超理性的领域。对此迈蒙尼德认为，人们不可认为自己对律法与诫命都有了理性的把握（比如不可杀人、不可偷盗），也不可以理性为借口，背离律法与诫命。鲁巴维奇解释说：理性虽不会让人反感，但人类的犯罪常常建立在理性基础上。假如理性没有灵性的指导和规范，没有神圣律法与诫命的约束，理性绝对是败坏的。

第 3 章　人格特征：心理学模型与诺亚律法

概览

　　本章主要讲述诺亚律法对人格构建的作用与影响。基本论点来自文艺复兴时期的伟大的拉比学者耶胡达·罗伊维（Yehuda Loew），耶胡达·罗伊维也被称为"布拉格的玛哈拉"（Maharal of Prague）。

　　首先，我们要澄清的是：诺亚律法所具有的重大价值以及诺亚律法所具有的普遍性和客观性。我们要理解诺亚律法所具有的深远含义以及诺亚律法的具体架构。要想深刻理解诺亚律法所蕴含的重要意义，必须要有至高者 神的亲自带领和开启。并要由自我的灵性和精神去领悟和感受。诺亚律法是完成自我实现和自我灵性提升的必由之路。

　　其次，我们可以在诺亚律法的基础上建立人格模型和人类价值导向机制。布拉格的玛哈拉建立了两个方面的人格模型：一个是内在的人格模型，涉及物质与精神的内在统一（灵魂），另外一个为自我人格模型。每一种人格模型都具有明显不同的特征。自我人格模型主要涉及自我与他人的关系，自我与神的连结（用神学语言表述就是：人与神的关系），以及人际关系的构成与建立。在这两种人格模型的基础上，生成了另外六种人格特征。因此从这两种基本人格模型出发，共有七种不同的人格特征。在自我控制和尊重他人的基础上，人类将有能力在七个方面实现提升和自我完善。

　　第三，在诺亚律法所具有的普遍性和客观性基础上，人们将有能力规范自己的行为，并最终在上述七种人格特征方面实现自我提升和自我完善。

1. 普世的终极价值

普世的终极价值所具有的客观性

灵性或精神正在重新赢得自己在心理治疗中的地位。我们必须承认，灵性或精神的存在不仅是为了实践或经验：绝大多数的精神疾病患者，假如没有在临床治疗专家的帮助下得以恢复，他们都会公开和坚定地宣称，他们的康复是来自对至高者 神的坚定信仰。而临床治疗仅是为患者提供某种知识，以建立患者的精神自信。但是临床治疗专家还是会提出一个更为深层的问题：灵性或精神领域是否是客观存在呢？假如灵性或精神领域是客观存在，那么临床治疗中，治疗专家首先需要将自己与自我灵性或精神领域相连结，以此建立某种"治疗联盟"，并将患者带入"治疗联盟"的体系；即便这不是他自己的专业领域。

我们在此所提出的"普世终极价值的客观性"以及"共同的灵性或精神"均与人类相关，既与患者相关，也与治疗师相关。与宗教相对主义观点相反（也有客观性怀疑），在临床的运用上，假如对治疗有效，那么移情和治疗方案的建立将会有助于治疗师进入患者的精神历史过程中（进入患者的潜意识活动状态），并帮助患者恢复精神健康。这种精神分析法的技术手段应用，会给治疗师带来某种程度上的良心不安：其中主要的问题是，是否所有的精神活动都是真实可信的？另外，确实存在这样一种现象：部分的宗教观点反而导致某些人格特征的混乱与分裂，而不是精神状态的恢复与健康。而戈登·奥尔波特（译注：Gordon Allport：美国人格特质理论创始人，人格心理学家。他反对用心理分析方法研究人格，也反对用行为主义方法研究人格，强调个体的独特性）也在《个人与宗教》中，提出过上述观点。伊丽莎白·卢卡斯是维克多·法兰克的学生，她在书中特别指出，人类心理活动不具有单纯的客观意义。比如恐怖分子的心理活动不具有正向意义，而这种仇恨心态也同样存在于人类的精神状态之中。在普世的终极价值的客观性基础上，治疗师首先需要充分地认识和理解患者，如同对自己的认识和理解一般，然后才能开始对患者的诊疗。

在圣经中，对人类具有共同灵性状态的描述出自《创世记》中的描述："神说：我们要照着我们的形象，按着我们的样式造人。"因此，人类具有神的形象。这也就是说，人类有着内在的神性。不管我们是否意识到，我们都拥有内在的神圣特征。在本书第一章中，我们以神学理论为基础，解释了维克多"人类的自我发现就是行走在神的旨意中，就是似神"的观点。在此，我们必须要牢记：神的形象是构建人类道德价值的先导和基础，"似神"是对人类行为的实质性规范。

普世终极价值的本质

为什么说普世终极价值的本质源自"似神"？首先：在道德精神层面，我们需要特别的谨慎，在思考行为者假定的英勇行为时，对行为者有关的价值取向，不要做任何先验性的具体评说。诸如"荣誉""勇气""竞争力""同情"等，这些词汇的表述是模糊不清的。

小偷们也有勇气与忠诚；而竞争力是自由经济环境中的专业术语，代表了弱者的倒下。同情更多地体现为对他人所需的正确应对方法：比如溺爱的孩子，为某一玩具哭闹，而玩具本身对孩子并不适合，因此我们将耐心地对待孩子的哭闹，而不是粗暴地打骂。

圣洁的拉比曼苏拉·祖斯亚（Meshulam Zusya of Anipoli）提出过一个著名的论点：

从小偷的行为中，我们都能学到侍奉至高者 神的方法：（1）行事安静，不为他人知晓；（2）为可能出现的险情预设安全的躲避点；（3）以最小的代价获取最大的成就；（4）劳作辛苦；（5）行动敏捷；（6）自信而又乐观；（7）不断地从失败中学习成功之道。

在此，我们看到：谦逊和谨慎，勇气、专注和行动，勤奋和敏捷，积极乐观，坚持不懈等，这些优异的特质同样也体现在小偷的身上。普世的终极价值只有在行为中，才能体现出其实质性的终极意义，成为人类行为的价值导向，才能内化为人类精神道德的重要组成部分。普世终极价值不能被简单地理解为权力或者是某种"配价"，是毫无行动能力之人的装饰；相反，普世终极价值给予人类实质性的行为指导。没有实质性含义的价值指导只能是某种"可能性"，不具有现实意义。因此，勇气、信任、忠诚、效率、竞争等词汇都具有多重含义。

拉比曼苏拉·祖斯亚通过对犹太传统的阐述，将这些词汇给予新的明确界定，用于指导对至高者 神的侍奉以及对律法遵行的界定。

诺亚律法既体现了普世终极价值的实质性意义，也体现了灵性的客观存在。对诺亚律法的遵行必将使个人的灵性和精神与圣经的教导完全合一。由此实现"人具有神的形象"。这就是我们前面所提到的，法兰克所说的"似神"和"发现自我"。毫无疑问，"发现自我""似神"就是具有神的形象。在法兰克其他的著作中，他同样明确指出：普世终极价值与诺亚律法具有高度的一致性。

普世终极价值就是外部意志

一旦人们以诺亚律法为基础，将目光和心智集中在"似神"之上，诺亚律法就会内化成为人类内在的道德（或精神疗愈）力量，并最终行走在至高者 神的旨意中。这种内在的道德力量就是"神圣的诫命"，而神圣诫命的力量大于人类本身。将律法与诫命晓谕人类是至高者 神的意愿，因此对人类而言是一种外部意志，但人类本身的自主权利并未因遵行诺亚律法受到缩减。"人类本身的自由权"是启蒙运动的产物，其内含就是"自由"，即完全脱离宗教性约束的自由。启蒙主义强调的自由就是"释放自我"，"排除任何精神干扰"，废弃人内心深处的神圣诫命和道德约束。当自我成为独立的灵性存在时，自我就脱离一切的约束从而获得完全的自由。但在人心之中，信仰的概念依然长存，信仰的概念不但指引我们去认识神，而且使我们具有"似神"的形象。

深藏在我们内心的神圣美德就是至高者 神的诫命与律法。神之诫命与律法是我们灵性提升的真正基础，深植于我们的灵魂深处，是我们内在的力量源泉，其外在的表现就是智慧和情感。智慧和情感不同于野心和任性，野心和任性绝对不是人类灵性提升的基础。在心理治疗方面，有一个概念非常关键，这就是什么才是"自我的终极健康"？个体如何认定"终极健康"？首先，自我不能立足在流沙般的情感基础上，智慧和敏感性也不能立足在纯粹理性的基础上。其次，真正的自我不在"囚徒困境中，也不在其他的困境中"。在情感和智慧的帮助下，自我显现在身体和灵性状态之中，显现在我们的灵魂深处。在我们灵魂的深处，有一股强大的神圣力量，这股力量在心理疗愈的过程中，帮助自我出离精神和内心的困境：

意识、道德良知、或者灵性，是价值观——诺亚律法的受体。诺亚律法准确引导个体的意识，引导个人的精神意识进入不同的人格特征领域。人格特征不但与我们的身体状态、心理或精神活动等有密切关系，更会受到他人和社会环境的影响，理所当然也受到至高者 神的影响。布拉格的拉比玛哈拉构建了人类心理学模型，人类心理学模型的基础就是诺亚律法，在诺亚律法的理论和施行中，造就了不同的人格特征。

2. 人格特征的构建

自我人格特征对他人的影响（人格特征的外在维度）

构成人格特征的基础是什么呢？首先，构成人格特征的道德基础将指导个体满足高我的道德需要，并勾画出自我超越的愿景。满足自我道德需要和自我超越的转变来自个体的自我关注（内省）和自我控制，控制本能性冲动的自控能力是自我超越所必须具备的基本能力。自控力：在最低层次上，就是对情绪和欲望的控制。比如我们等待的耐心，以及为某些将要发生的事情所提前付出的努力，但这还远远不够。自控力不但具有自我调节的功能，同时更具有道德和理性能力，监控着我们的本能性冲动。个体在无意识、无道德状态下，不具有自我超越和自我控制的能力。自我超越与自我控制能力与意识、直觉相关系。而至高者 神则给了我们意识和良知上的满足。

成年人缺乏自我控制能力通常都是因为被失败所捆绑：比如缺乏耐心，对他人的伤害，不受限制地攫取，甚至掠夺等。而具有自控能力的人在相同的环境下，则会严格控制自己，绝不随波逐流，并能展现其自身所具有的高贵和尊严。超越自我控制能力的是什么？就是自我实现！自我实现通过超越自我控制来满足个体的各项需要，朝着感知需求本身的转变前进。

某些人毫无自我控制能力，比如饮食就是一个外在证据。圣经指出，有些人不具有自我控制能力，直接活杀动物，取肉食用，而不是等待动物在安详中完全死去之后再取肉食用。这些行为给动物带来了巨大的伤害。具有自我控制能力的人，会严格控制自己的饮食，即便食肉也会以最小的伤害对待动物，对具有严格自控能力的人而言，饮食不是为了满足自己的口腹之欲，而是为了侍奉至高者 神。

具有自我控制能力的人必会在身体、精神和灵性上结出良知的果实，同时也会在与"他者"和外部关系的其他方面结出果实：比如人与神的关系、人与他人的关系、人与环境的关系。

自我人格特征的内在维度

身体的维度　正如布拉格的拉比玛哈拉所定义的那样，人类是外在肉体和内在精神智慧高度统一的存在，肉体之外的精神或心理活动，我们将之称为灵性维度。肉体存在的主要冲动是欲望，古典精神分析技术将肉体的欲望主要归结于性爱的冲动，但哪些属于纯粹的性本能冲动，哪些属于性本能高度上升后转化为爱，并没有明确的区分。在本文的分析中，肉体的欲望主要关注于自我满足，但也可以无私地与他人联合或合作。比如人通过与他人的合作从而实现自我的真正独立。

身体同样也需要物质需求方面的满足。性本能在弗洛伊德的精神分析术语中称为"力必多"（libido），性本能就是欲望的占有。性本能是身体维度的渴望、需要和特征。身体维度的需要既可以完全地利他，也可以是完全的利己。比如有些人全然漠视自己的身体健康，而有些人则过于在意自己的健康。戈登·奥尔波特最初从事人类情感的专题研究，他认为在人类情感中有一类"奋斗"的特质，追求的是"愿望的达成"，其本质在某种意义上是自我扩展，目的在于驱动自我与关注对象的连接和相遇。自我约束和自我提升会对社会关系、道德关系和灵性关系产生影响，比如爱和友谊。

精神智慧的维度　人类对知识或认知结构的区分能力将实现自我提升（或扬升），同时也会对内在的某种冲动、情绪反应和生理反应做出判断和评估；这是一种抽象判断的具体体现。智力的自我判断就是概念化形成过程。同时，智力的自我判断能力也起到抑制即时的某种情感冲动和生理冲动的作用，并对此种冲动做出判断。智力判断的首要任务就是发现真相，对所关注的个体情感偏好和生理反应作出判断和鉴别。因此，智力判断具有十分谨慎的特点，具有将理性分析化为普遍原理的功能。因此，我们必须充分理解，智力判断本身并不是情绪反应、个人偏好和生理反应，智力判断是理性的冷静计划。

智力不仅具有对情感反应、情绪和偏好的判断和批判功能，同时也能察觉和理解终极原理，为了解释经验和体验的过程，更具有超越其本身的功能。为了更加具有效力，智力会做出假定、推理和演示，智力的高低与工作能力和工作经验相关，并总是使用"理论"去指导其行动。智力假定了"终极真相"，给出某种假设条件和原则，这些假设条件和原则超越了智力本身的鉴察或洞察力。由此，当面对客观真理时，智力立即就能明白：有高于其自身的客观存在，这是智力所具有真正的首要原则，在此首要原则的基础上，智力开始其构建和工作。

在心理学层面，智力具有强大的系统化、公式化能力，对情绪或情感反应做出道德与非道德的判断和归类。智力是情感和情绪的保险阀，理性管理着情绪和情感，而不是无意识地支持情绪或情感反应。当智力接受高于理性和情感的存在时，才能感受到快乐。这个高于理性和情感的存在就是良知（意识）和灵性（灵魂）。当智力感知到良知和灵性的存在时，智力就开始了自我提升的过程，自觉地从心理学层面开始"扬升"，超越心理物理学的藩篱，此种扬升就是指导人们行为的理性基础。

统一的维度 统一的维度指的是个体在智力和欲望上高度统一，具有同一个愿望和明确的针对性，这是完整的体现，具有鲜明的个性。布拉格的拉比玛哈拉对"个体的完整性"（即统一的维度）十分关注，他写道：

人类有身体和精神（灵性、灵魂）两个部分组成，灵魂居住在身体内。第三维度如同房子，房子由木石等原材料构建而成；人类也是由各样的材料构成为完整的整体，那么在材料之外，必定有建筑师。

维克多也认为：人类由身体（物质）和精神（灵性、心智）组成，灵性或灵魂是心理物理学的主要基础和承载。比如真正的"你"，是眼所不能见的无形的灵性存在。维克多说：

举例来说吧，对人们而言，或许并不信任你，虽然你就站在他身边，因为这并不是你，你只是心理物理学所谓的有机体而已，事实上的你并不能被眼所看，也不是他者；真正的你是隐藏在心理物理学表现形式之下的灵性存有（这是界定），他者不具有与你完全一样的外观和精神状态，精确地说：你是无法被察验的，只有在外在感知的事物背后，你才能真正地被理解和抓住。

这就是人类的"高我"，就是灵性或灵魂。灵魂控制着身体和情感，并对身体和情感反应做出回应。对需要做出回应的，既不是身体，也不是空洞的意识或感觉。人类的灵魂对至高者 神承担责任，不仅因为灵魂控制身体和精神意识，更因为灵魂如同"神性"的内在，灵魂认识至高者 神，因为至高者 神是灵魂之主。

自我人格特征的外在维度

个人空间　个人空间指个人在内心深处单独与至高者 神交流与连结的空间，也是个体对自我的鉴定所在，涉及自我对他人的认可与否。照着世人通常的说法，个人空间就是个体的道德和信仰。这是自我认知的领域，不同于公共领域或人际交往领域。而公共领域或人际交往领域是指人与人之间的互动和可能发生冲突的那些关系领域。

我们特别注意到：性道德,但必须排除那些暴力成分和暴力倾向（比如强奸、变态虐待、娈童、通奸、破坏他人婚姻家庭等）同样也归属于

个人领域。因为性道德涉及个体的人格特征以及是否为人的界定:

律法与诫命严禁不道德性关系,不道德性关系对人类内在的神性产生巨大的破坏作用,对此我们将在第四章展开详细论述。现代人对此有许多的思考和争论,认为无论何处,在成年人之间、在互相自愿接受的前提下,任何性行为都是可接受的,无错可言,因为不存在受害者。这种论点混淆了人际关系和个人道德之间的界限和差别。

世俗的观点认为,性关系属于私人之间的交往,处在法律管辖之外,但从宗教角度出发,性关系并不能游离在律法管辖范围之外。首先,在个体与至高者 神的密切联系中,人类客观存在的道德领域起着重大作用。其次,是对"隐私"的误解:即便他人无法了解你的隐私,但是你的隐私在至高者 神面前却是一览无遗。隐私并不能完全在他者的监督和审判之外,作为一个问题域,个人隐私同样涉及人与神之间的关系。在你和他人发生交往之前,隐私界定了你是谁和你是哪种类型的人。人类不仅要对与他人的关系承担责任,也要对真实的自己承担责任,更要在个人品质和行为上,面对至高者 神。

人际交往领域　人际交往领域指个体与个体之间的交流、集合和组织,个体的道德、文化将在人际交往领域中被整合为社会道德与文化,形成社会整体。人际交往过程非常清晰地表明了个人的道德水准,表明了个体与至高者 神的关系以及人与人之间的关系。在人际关系中,最为至关重要的一点就是避免冲突,创造和谐。

人与自然的关系、人与至高者 神的关系、以及人与人的关系如何凝聚成社会关系,并不是本章所要讨论的,但我们会在下一章展开详细阐述。本章的重点在于诺亚律法与个体之间的密切内在关系,下面我们将采用图表的方式,清晰表明人格特征的内在维度与外在自然属性、与至高者 神、以及人与人之间的关系,以展示诺亚律法如何充满个体的内心,并指导个人行为。

3. 普世价值与人格结构

诺亚律法对个人行为以及个体与他人的关系给以道德指导。我们以下面的图表给予简要说明：

自我和他者 关系处理	身体	智慧 精神灵性	统一联合
个人 个人与至高者 神的 关系	严禁 不道德性关系	坚信至高者 神	敬畏至高者 神
人际交往 人际关系	禁止偷窃 禁止伤害他人	行出 公义道德 良善	严禁谋杀

自我和他者的关系处理

诺亚律法中的禁止性条款规定了自我与他者的关系处理，比如：不可从活体动物身上取肉食用。布拉格的拉比玛哈拉对此解释说，诺亚律法中的禁止性条款乃是为了避免人类整体性的堕落和败坏，尤其是要避免并抑制人类的某些本能性冲动。虽然至高者 神许可人类食肉，但动物必须经过适当的屠宰方式，经过适当的处理之后，才能食用。人类不可给动物造成巨大的伤害，不可在动物依然存活的状态下，就急不可待地分割动物的肉类。

个人的偏好和欲望会对他人造成完全不同的影响。在人类道德发展的最初阶段，人们彼此之间常常会互相伤害，给双方带来巨大的痛苦和伤害，弱肉强食几乎习以为常，弱小的一方常常不能有效保护自己，在此，我们仅以动物为例，加以说明。同样，诺亚律法对人与自然和人与植物的关系，也给出了相关的禁止性条款。这些都是律法总则的一部分，交付给了人类，但人类对此却掉以轻心，毫不在意，甚至任意违背律法和诫命。律法将物质创造当作具有内在价值的东西来考虑，因为至高者 神创造万有，并掌管万有。律法的基本原则就是要人类时刻内省自我的内在与外在、审查自我与他者的关系。不可损害他者，要尊重他者的天赋权利。尊重他者是真正的道德人格的基础，也是自我与自然的关系基础，体现了对自我和客观存在的之间的认知。也就是说，至高者 神创造万有、掌管万有，对万有的恩赐都有着神圣的计划和意义（包括有知觉能力体验痛苦）。自我管理涉及自我与他者的关系，以及对他者开放的行为活动与道德关怀：比如自我与至高者 神的关系、自我与他人的关系等，具体参考上述表格。

自我对身体行为方面的要求：性道德

性冲动和性道德来自身体的欲望以及对欲望的控制。诺亚律法要求人类能自我控制，约束自我的性冲动。将性冲动实现转化（婚姻、异性恋），并提升到与神连结的层面。当然，通奸、律法所禁止的某些性行为将会导致人类灵性的降低，进而导致人神关系的疏远。正如我们上面所提到的，也有争论认为：双方自愿的性行为不存在受害者，因而是许可的，不在律法的禁止范围之内。

人类存在的重要意义就在于灵性上的"似神"以及神所吩咐的男女要连为一体，成为灵性驱动的器皿。我们将在下一章对此话题做出详尽的阐述。人类的诞生来自男女的合一，当人类出生之后，就会再次的男女合一，由此诞生下一代。人类的后裔诞生自男女精神与肉体的合一与神圣的婚姻。通过婚姻，人类从过去走向未来。婚姻使人类具有生物学意义上的连续性，同时也是个人代码的保管和传递。父母、孩子、孙子等代表了单一的灵性传承链和人类代码的传递。圣经如此说："至高者神，造男造女"。而人类最终的代码就存在于男女的合一之中。男女都是巨大组合中的两个对等部分。因此，通奸、乱伦、兽交是诺亚律法所严禁的，为什么要严禁这样的性行为？因为这些行为导致了个人代码的被混杂，从而无法完成与你真正的配偶或灵性伴侣的合一。

同性恋同样导致人类代码的混杂，也是对生育的严肃性和神圣性的亵渎。更是对生物信号和人类代码传递的破坏和亵渎。

个人的灵性和智慧方面：坚信至高者　神

灵性和智慧是一种能力，按着理性的内在要求，建立在第一原则基础上。智慧中的诚实和正直是人们寻求知识的基本动力。这种基本动力不是由智慧本身提供的，而是来自其他地方：这种动力是外在的智慧，是作为假设或第一原则输入的。

坚信至高者 神的人一定是抵制偶像崇拜的，因为坚信至高者 神的人，承认至高者 神的"绝对与唯一"。而偶像崇拜则是对特定实体的迷恋，这个特定的实体可以是太阳、月亮、石头、金钱、自我成就等。最为明显的就是当今世界范围内盛行的物质主义潮流。比如将物质世界视为一切的基础。偶像崇拜本质上形成于思想和精神中，思想和精神的堕落与腐败是偶像崇拜的土壤。

法兰克认为，从诚实的智慧观点来看，在创造过程中形成的所有形态和现象都是相对的：首先这些形态和现象都来自至高者 神绝对的创造过程，其次这些形态和现象都不是独立存在的。思考的真正目的和使命就是要坚定持守这么一种观念：在至高者 神之外，没有任何的独立存在。至高者 神创造万有，万有都在神里面；而神就是绝对存在。法兰克说："绝对的存在显明了相对的有限。"

自我控制、自我约束、自我提升等，都是思想赋予自我的要求和纪律，以抗拒将任何的相对性归入到绝对之中。诚实的思想将动摇任何世俗的信仰基础和偶像崇拜，从而将人类精神导向绝对存在的至高者 神。

这就是智慧之路，由此重构人类的"似神"基础，恢复人类"似神"形象的第一原则就是灵魂和灵性的指导，这种灵性的指导不具有任何世俗的成分，也不受世俗的纷扰。当人完全具备了"似神"的基础，内心安静，不受世俗纷扰时，智慧就完全进入人的内在精神意识。智慧不带偏见，也不带情绪。智慧的基础不是"我以为"或"我感觉"，智慧是无私、公正、正直的知识。智慧的第一原则就是：坚信至高者 神。智慧将此第一原则交给了我们的灵性或灵魂。

个人的统一与联合：尊崇至高者　神

个人的统一与联合来自灵性或灵魂，是精神、思想和身体的完全一致，本质上就是认识至高者 神。对个人的道德约束就是敬畏至高者 神，守神的律法和诫命，不可反叛和敌挡至高者 神，不可拜偶像，不可拜假神，不可亵渎神，不可诅咒神。亵渎神，诅咒神为邪恶行为，"认识至高者 神，却又想要反叛神"属于重罪。为什么会出现这样的非理性傲慢？为什么人认识神，却又会反叛神？这或许来自我们灵性或灵魂上的一个污点。对自我最深层次的冒犯和犯罪，其后果要比其他类型的犯罪后果要严重的多。

布拉格的拉比玛哈拉认为：出言不逊、咒骂神、亵渎神是人类典型的行为方式，涉及人的身体行为和精神行为。人类具有语言的能力，这是至高者 神赐给人类的礼物，在神学理论中，语言的运用同样是对人类是否具备"似神"的基本判断和界定之一。将至高者 神恩赐的能力用于抵挡神，这就是亵渎。

在诺亚律法中，积极的主动性诫命是：敬畏至高者 神、爱神、侍奉神。最终的侍奉就是全身心地侍奉于神，以致达到灵魂的忘我状态。在侍奉神的过程中，没有任何一丝一毫的个人目的和个人私利，将自我的意愿放在神的意愿中，完全以神的意愿为意愿。

人际关系和人际交往方面　在人际交往过程中，必定会出现身体的接触以及对物品的喜好，因此诺亚律法规定，不可偷窃，不可损害他人物品。垂涎他人的财产，将他人财产强行据为己有，这就是偷窃。以违背他人意愿的任何方式，强取他人财产均为非法。至于抢劫，则等同于与谋杀，因为抢劫对他人人身和精神安全造成伤害，更侵犯了他人的主权。因此偷窃是对他人诚信的漠视。

与此相对的是主动性诫命，主动性诫命要求尊重和保护他人财产，对待他人的遗失之物，要主动归还。诺亚律法对此反复强调，禁止偷窃！尊重他人的财产权！同时，诺亚律法也特别强调了慈善所具有的重要意义。诺亚律法的终极目的就是消除对他人的伤害、消除偷窃、尊重他人合法权益，创造和谐美满的人类社会。按照精神分析理论的观点，就是人类必须以自我能力，努力实现自我完善，待人如己，最终创造和谐美满的人类社会。

人际交往的智慧　诺亚律法严禁偷窃，严禁侵害他人财产。其前提就是要尊重他人的财产权。诺亚律法的公正和公义也体现在对财产所有权的仲裁上，公正和公义体现在客观和公平的基础上，在有关财产申索的案件中，做到公正、客观、公平、公义。严禁偏袒偏信，严禁伤害当事人的合法财产权益。

在案件审理过程中，要尽量收集证据，要公正审理案件，案件的审理不可带着情绪和偏向，要冷静分析各样的证据，对犯罪的认定和惩罚也要合乎法律的要求，不可过于严苛，也不可过于宽松。对罪犯的惩罚应起到对全社会的警示性作用。审判结果应使当事人双方都心服口服。

具体案例我们将在第 10 章详细讨论。案件的审理过程就是思维过程，这种思维过程排除了判断过程中某一方特殊利益的侵入，以致审判结果对当事人双方不公平，或者对当事人一方有明显袒护。

案件审理过程中，出于害怕或偏袒、或利益诱惑而武断任意地改变审判程序或轻易下审判结论，都是对公正的背叛。不公的审判结果本质上是人际关系的堕落与腐化。

人际交往中的联合与统一：禁止谋杀　诺亚律法严禁谋杀（蓄意谋杀、过失杀人、安乐死、流产、自杀等）。在人际交往过程中，当要严守律法和诫命的教导。谋杀的直接结果导致了他人生命的非正常终结，导致充满活力的生命非正常消逝。谋杀不但属于行为犯罪，更属于灵性上的重罪，视为灵性上的亵渎；等同于对至高者 神的亵渎。谋杀是对至高者 神的反叛。这里有两层含义：首先，生命权不同于财产权，财产权可以宣布放弃，而生命权只属于至高者 神；只有至高者 神对人的生命拥有主权。任何情况之下，人都无权为谋杀作无罪辩护。谋杀属于非法侵害至高者 神的主权和财产。其次，生命的最主要的特征是灵魂，灵魂是人类"似神"的主要标志，因此人有神之形象。

谋杀就是对神之形象的侵害。

神的心意是要土地为人所居住，让人遍满全地，而谋杀则是对神之心意的破坏。因此谋杀是对诺亚律法的严重践踏。诺亚律法的终极目的是要让人变得更加公义善良、文明礼貌。因此，杀一人如毁世界（自我防卫不属于谋杀）。神创造人类的目的是要人类居住在地面之上，并显明神的形象。神造亚当，亚当为第一个人类，神造亚当的意义在于强调了每一个人都具有独特的重要意义和地位。当人被毁灭，也就等同于创造的计划和意义被毁。在人的无意识层面，有些事灵魂一定非常清楚，而杀人者的灵则存在着巨大的缺陷和严重的污染与瑕疵。

诺亚律法严格规定：人类应该尊重他人的生命，应该保护生命安全，而生命的最高表现形式为人类的灵魂。人类生命的象征就是神性的内在，人类代表了神性的存在、创造的目的、以及对创造原理的阐述。因此，救一命如救世界。

第 4 章　社会：公共社会政策与诺亚律法

概览

　　社会公共政策的制定基础是世界观，世界观影响社会公共政策的制定。诺亚律法的世界观就是自然与至高者 神、人类与灵魂之间的关系：人类有灵魂的内在，灵魂与神有紧密的联系；灵魂将自然融入人类的伦理道德之中，并最终实现人与自然的救赎。

　　在社会的第二等级，即个人道德文化层面中，会逐渐形成潜在的世界观，并慢慢地蔓延至个人意识之中。当诺亚律法的世界观和诺亚律法的理论基础进入人们的道德文化层面之后，首先形成了人的精神文化，这个精神文化深深地印在灵魂深处：那就是敬畏至高者 神。其次，诺亚律法支撑其生物学意义上的精神传承，如同灵性上的发射站，将诺亚律法传递给下一代，并代代相传。再次，诺亚律法培育出对至高者 神的信仰和对万有的尊重。这份信仰与尊重激发并保守了我们灵性中的勃勃生机。

　　社会构成中的第三等级为社会组织，社会组织的主要功能就是保护、维持社会成员之间和谐稳定的人际关系，并将个人道德与精神文化要素整合为社会道德与社会精神文化，最终形成社会公共政策，以规范社会结构中的人际关系。诺亚律法的公正不仅体现出客观与公义，更体现在律法来源和律法原则上。例如偷窃和财产伤害的原则，不仅体现出人需要公义和互惠，更体现了人与人之间需要诚实和诚信。最后，诺亚律法告诫人们在懂得保护生命之前，首先要理解什么是生命。

　　本章比较了诺亚律法与社会公共政策，特别是比较了两者之间的差异和冲突之处。比如流行的"享乐主义""唯物主义""自我满足""造物主小于自然""灵魂小于人体""人类的特征仅仅是人类情感的外显，顺从于对快乐与痛苦的功利性比较"。这些观点不但是对个人道德精神文化的侵蚀，更是对社会组织和社会结构中的政治公义、经济平等、以及生命保护等原则的腐败和破坏。

1．自然与社会的世界观

享乐主义、唯物主义的世界观

　　伟大的社会学家马克斯·韦伯认为，世界观是社会阶层形成的基础。世界观来自对自然的认识，或者说来自对自然以及人与自然的关系方面的认识。人类历史上的社会学家们在人与自然的认识方面很少捉及神的关系。只是简单地提出问题：怎样认识神？怎样理解神与人的关系？人类怎样才能侍奉神？为了更好地理解诺亚律法的原则，我们将再次对社会学家们的观点和社会公共政策的制定做出对比。

　　我们首先以享乐主义、唯物主义为例，享乐主义和唯物主义非常强烈地影响了社会潮流，享乐主义与唯物主义与诺亚律法的原则之间存在着巨大的冲突和鸿沟。享乐主义和唯物主义以自然哲学和人与自然的关系为自己的理论基础，其代表作为《动物的解放》(彼得·辛格著)。该作品的主要论点就是无神论，解构了神创论和人类具有灵魂观点，彼得·辛格一方面认为：人类是造物主的代理人，人类在自然界有着特别的地位和作用；另一方面，辛格又认为宗教和信仰是"过时的"、仅仅是某种"意识形态"。是一部分人控制另一部分人的工具，也是人类试图控制、垄断自然的工具。彼得·辛格写道：

我们的先辈对待动物的态度已经不再令人信服，因为他们将某种宗教、道德、意识形态带入到自己的态度之中，这在现代早已过时。我们也不以圣·托马斯·阿奎那的方式来捍卫我们自己的态度，例如，捍卫阿奎那对待动物的态度，但我们已经准备接受阿奎那利用宗教、道德、意识形态、时间观念等掩盖人类以赤裸裸的自私去对待动物的观点。假设我们看到，先前的人类接受了我们现今在意识形态掩饰下的真实的自我私利；又假设，人类无法拒绝继续利用动物以达到自身微小的目的而违背主要的利益，我们或许将会被说服，将以更加怀疑的眼光来看待我们习以为常的正当性，这些正当性正是我们自以为的权利和自然。

因此，简而言之的结论如下：

虽然人类已经不再维护自然，虽然自然为我们提供动物为食物，虽然人类对动物拥有主权，虽然人类可以杀死动物……但仍有特别虔诚的宗教人士满怀爱心地守护着宇宙的和谐与平衡。

令人惊讶的是，对几千年的信仰和宗教经验的"狂热"和"否定"的排斥竟然如此草率。有些人证明神的存在和宗教传统的神圣权威，但他们却从未试图去追寻真正的意义。在传统宗教信仰和"物质世界即是全部意义所在"之间，存在着终极的选择，这种选择建立在人类的灵性体验和现实知识体系上。但是，自然和世界还有着更为深厚、更为基本的本质：称之为神圣活力，或者称之为维系世界存在的某种神秘力量。

神圣活力或维系世界存在的神秘力量存在于创造过程中。而享乐主义、物质主义者们则宁愿相信"物质世界即是全部意义所在"。

"物质世界即是全部意义所在"的理论基础就是达尔文主义。但达尔文主义不是实用的、有效的科学的理论，而是绝对的、唯物主义的形而上学的宇宙论。

进化论和人类是从动物演化而来的理论引起了巨大的反对风潮，这个故事太广为人知，我们不在此复述，仅指出：物种科学家的观点在多大程度上影响了西方的思想界。人是特别的受造物，动物的存在完全服务于人类这种观点难道不应该彻底放弃吗？

其他一些人则按着自己的需要，把达尔文主义的生物进化论从其形而上学的意义中分离出来，将生物进化与各样不同的思潮相融合，创建了彻头彻尾的物质主义世界观。将哲学达尔文主义与快乐主义相融合，或者将哲学达尔文主义与快乐和痛苦的文化思考相融合，最后催生出英国古典自由主义（功利主义）哲学家耶利米·边沁（Jeremy Bentham）。耶利米·边沁试图厘清并解决人与自然之间关系（特别是人与动物之间的关系）。边沁假定人类与自然、人类与动物之间因着某种共性而互相依存，因为人类本身也是动物中的一类（人兽），而且人类与兽类都具有"情感"，可以表达自我的快乐（欢愉），并天然地抵御疼痛。情感是人类和兽类所共有的感觉器官。边沁对动物们之间的联系（人与非人动物之间）有着著名的论述："每一个数值都不会超过数值本身"。而人类与兽类之间最大的不同就是思想和语言，这是显而易见的。接着，边沁论述动物道："问题之所以不是问题，是因为动物们会推理、演绎吗？不会！它们会以语言交流思想吗？它们可以承受苦难磨练吗？"根据享乐主义、物质主义的观点，智慧和语言并不是人与兽之间的主要差别，只要比较人与兽之间对"快乐和痛苦的感受"。那么，将动物们杀死以利用其肉类和皮毛的行为就是极其错误的行为，因为人与兽之间有着最为基本的共同特质，那就是对快乐和痛苦的感觉。两者之间应该"平等对待"，将痛苦加诸在动物们身上，是残暴而不道德的。

诺亚律法与自然的关系

诺亚律法具有宽广的全球性视野，与其他各种理论相比，诺亚律法关注的是物质世界和大自然的基础，物质世界和大自然的维系来自至高者 神从不间断的创造。不仅物质世界是神的创造，世上的万有也同样来自至高者 神创造。另外，万有各从其类，各自都在其自身所处的环境之下，不断地更新成长。万有各从其类，万有的更新来自至高者 神的意愿，按着各自的潜能发展和成长，其终极目的就是万有之间的互相效力。这种万有之间的互相效力无论是直接的、还是间接的，都指向最终的救赎，那是创造的原初目的所在。这就是诺亚律法的世界观，是诺亚律法对整个大自然的认识。万有都在至高者 神从不间断的创造之下，所以我们的灵魂才能"看见"，在至高者 神的主权之下，我们才有行动的自由。

人类的灵魂深藏在人体之内，灵魂是至高者 神在创造过程的"中央调节器"。回到韦伯哲学的认知图景中，诺亚律法的世界观是对至高者 神的认识，至高者 神是万有的创造主，也是人类和人类灵魂的创造主，因此人类具有神之形象，与神的思想和神圣价值观产生共鸣。而诺亚律法就是神圣价值观的具体体现。动态的灵性意识指导人类的具体行为，按着诺亚律法的原则要求利用自然。

但这并不是说人类可以随意滥用自然资源、为一己私利而对自然资源过度开发或乱砍滥伐。人类对自然的利用和开发只能以够用为主。因此，必须充分意识到：不可加诸过度的痛苦于动物，不可过度消耗和破坏自然资源。大洪水之后，至高者 神将诺亚律法赐给诺亚，其中在对待动物方面，神许可人类食肉（但有些原则在创造之初就规定了严禁条款），并规定了人类主权优先，人类有管理和利用自然的责任，但又有神圣的禁令，规定不可过度滥用。人类可以利用动物从事某些劳作，也可以利用动物的皮毛（但必须是动物自然死亡之后）为自己编织衣物。今天，人类不但利用动物从事体力劳动，还利用动物皮毛和肉类，甚至利用动物从事药物实验，因此诺亚律法规定，必须尽量不施加痛苦在动物们的身上。但是，诺亚律法的原则规定，并没有减少人类对动物施加的额外痛苦以及对自然资源的破坏。只有人类与动物和自然的和谐相处，才能创造出普世的文明。人类只有在遵行诺亚律法的前提下，才能使万有和谐相处，世上才能充满神圣的荣光。

非常有趣的是，享乐主义和唯物主义者，实际上并没有提出一个合理的尊重自然环境的前提条件。他们之所以无法提出任何合理化的建议和理论，是因为他们无法发现"自我感觉"，或者说他们无法在自我的"亚动物性本能"中体会到自我意识和自我情感（植物和动物情感），唯物主义者也不同于痴迷的生态学家，痴迷的生态学家盲目崇拜大自然，类似泛神论者。在对待动物和人类的诉求方面，诺亚律法的世界观和原则特别强调：做到动物、人类、大自然各个方面都不能受到伤害或破坏；不可破坏动物们的生存环境；不可污染人类的居住环境；不可破坏我们居住的星球。诺亚律法同时特别表达了对植物、大海、山川以及其他所有无机物的尊重。因为我们居住的这颗星球上的万有都来自至高者 神的创造，都有着神圣的命定。万有存在的价值体现在至高者 神的创造和再创造之上，体现在"精神人格"之中。

因着诺亚律法所体现的美德，万有都可以在人类的管理下和谐共处。带着对万有的尊重，人类可以使用动物和自然，但不可虐待动物，不可滥用自然资源。

2. 个人道德与文化

对至高者　神的坚信和灵性上的无知

享乐主义、物质主义的基础和主要观点是相互关系的：首先，他们

否认至高者 神的存在，认为自然界是自然存在的；其次，否认人有灵魂，否认灵魂是至高者 神在人类心中的镜像；否认至高者 神赐给人类灵魂并赋予人类在自然界中的特别使命；再次，享乐主义、物质主义者们认为，人类与动物并没有任何本质差别，人类与动物完全相同，具有相同的直觉；第四，人类和动物都追求快乐的最大化，本能地、尽可能地规避痛苦和伤害，这适用于所有的动物："人兽"与"兽兽"。

诺亚律法则与享乐主义、物质主义的观点完全相反！首先，诺亚律法坚信有神，至高者 神创造万有并维系万有的存在；其次，诺亚律法坚信人有灵魂，灵魂是至高者 神在人心中的镜像；人类在利用自然的过程中，必须以至高者 神所规定的原则为指导，在至高者 神所规定的原则下，构建人类文化与社会道德规范；至高者 神所规定的原则是人类与自然和谐共存的唯一正确指导，并最终实现物质与灵性的和谐。这就是至高者 神在万有中的显明。

人类必须培育自己灵性、道德的能力与意识，并尝试去打开自己的灵性体验，假如人类拒绝任何灵性的能力和意识，是不可能对至高者 神有坚定信仰的。所有理论的基础都是假设，物质主义、享乐主义的哲学理论中，首先否认人有灵魂的假设，否认灵魂是信仰的核心。物质主义、享乐主义哲学认为：物质即是自然的全部，除此之外，再无其他。但诺亚律法坚信：至高者 神从虚空中创造万有，而且神的创造持续不断。而当代世俗的"高雅文化"则传递并加强了享乐主义、物质主义的第一假设。

通过对诺亚律法和以色列律法所具有的共同根源的研究和学习，我们可以培育自己的灵性能力。诺亚律法和以色列律法之间有着密切的联系。我们可以作一个实验：将诺亚律法中的任何一条原则，展示给基督教、穆斯林和犹太学者，所有的人都对此原则认可与赞同。诺亚律法具有广泛的适用性，不但适用于基督教、穆斯林、犹太信仰，同样也适用于印度教和佛教，因为印度教和佛教都有着亚伯拉罕的传承，有着亚伯拉罕教导的影子。

这些共同之处在学校的"宗教理论结构"教学中，有着明确的反映。这门课程的老师们（他们自己本身就具有不同的信仰和文化背景）都有一定的系统培训，从而可以讲解和教授自己的传统是如何在这个框架下运行的。社会学家们期望寻求统一的伦理学之根，他们往往可以在信仰的基础中寻见。而信仰的基础就是伦理学的"分母"。在美国的教科书中，将伦理学基础称为"一神教"，澳大利亚教科书称为"犹太－基督教普世伦理学"，而"亚伯拉罕诸教"也出现在众多的传统认知中。学校教育的任务之一就是通过对传统伦理学的教导，界定其普世性，使普世伦理学的基础和价值观在不同的宗教文化背景下得以传播。而诺亚律法就是人类共同的伦理基础，虽然宗教文化可能有所不同。

培养孩子们的灵性健康为重中之重，其次，至少要让孩子们做到心智健全、身体健康。对孩子们的灵性培养应该从童年就要开始，比如"周日学校"。灵性的培养首先从内在开始：培养和建立孩子们的信仰基础以及对信仰的认知。学术上的严谨要建立在灵性认知的基础上。使孩子们懂得如何学会承担责任，迎接生命中的挑战。

血统与灵性的界定（Biological family and Spiritual Identity）

男人和女人因婚姻而组合成为家庭，这是诺亚律法对人类的性行为规范。而当今的享乐主义、物质主义则认为：在双方自愿、欢愉的基础上，个人可以按照自己的喜好，随意与他人发生性行为。按照这种论点，个人有权利合法享受欢愉，只要不存在违背对方意愿的胁迫或者娈童癖、不违背信任原则即可。在人类性行为领域内推动此一论点的主要政治动力是同性恋正常化，以及同性婚姻合法化运动。诺亚律法坚决拒绝享乐主义以及物质主义所谓的"无受害人"性合约，因为人类的性行为（除了通奸）并不是人际交往间的合约，性行为的最终目的应该是以婚姻为主，人类家庭的组建和生殖应该合乎至高者 神的意愿，应该具有似神的形象，详细论述如下：

男女的合一具有特别重要的灵性上的意义，人类的受造过程就来自统一。首先，至高者 神的创造来自非凡的意念，内在的构思将卓越的活力与造物实体的形式相区分，非常类似于生物学传承：父本提供种子、种子是未来的孩子，母本以自己的子宫将种子培育为孩子。至高者 神使男女（父母）成为创造的代理人，类似至高者 神本身所具有的卓越（男性象征）和内在（女性象征）的能力，从而使父母具有创造孩子的能力。对孩子的界定，来自男性和女性的构成与结合。这就是我们所说的"似神"的完整性。从生物学上说：我来自父母灵性上的结合，同时，也是对我灵性上的界定。

我的父母分别为男性和女性，这不仅对我而言意义重大，对我的父母同样意义重大，因为父母的结合，我得以出生和成长。所以在圣经中特别提及："人要离开父母与妻子连合，二人成为一体"。两个独特的人要"成为一体"。因着成为一体，孩子得以诞生并健康成长。

或许有人会问，既然如此，人类的繁衍与动物的繁衍有什么差别呢？不都是来自不同性别的"成为一体"吗？回答是：动物的繁衍没有特别的主观界定，他们与自己的后代并无明显差别，而且动物对代际传承没有特别的要求。人类与动物有明显的不同，人类的父母有着特定的代际传承目的，有着代代相传的企盼。相互之间的共同意识，通过父母，传递给了自己的后代。

人类特别注重血统的传承，孩子认识自己的父母和祖父母，而父母知道因为双方的合一，孩子才得以诞生和成长，孩子正是合一的结晶。人类有着过去和未来，可以通过血统得到鉴定和延续。两个男人或两个女人无法完成生育，试管婴儿或其他生物技术所产生的后裔不具有血统的传承。

　　主观意识的重要意义同样体现在父母和孩子之间的血统联系上，而且父母和孩子之间也存在着精神上的传承。血统将独特的个体联系在一起，虽然个体之间有着时间和空间的距离，但却存在着血统和精神上的联系。这就是父子之间的自然传承概念，是父母与孩子之间的血缘传承，是无形的精神上的传承（子子孙孙的传承）。因此，民族特性的传承是父母传递给孩子，这虽是比较抽象的精神概念，但也因此展现出共同的民族性超越了时间和空间，表明了某种无形的存在，这种无形的存在就是精神上所具有的共同特质。

　　每一代人之间，都有思想意识上的传承，这种传承不仅只能通过男女双方以家庭的方式传承；而且，还具有积极的传播价值。人类的繁衍不仅是生物意义上的传承，更是灵性的传承，因为灵魂来自至高者 神的恩赐，与至高者 神有着紧密的连结。灵性的传承与人类灵魂价值观的体现有着密不可分的联系。父母和孩子之间的传承还体现在对孩子道德价值观的教育上，父母的以身作则、言传身教就是对孩子最好的教育。父亲作为"角色模型"所具有的距离感和权威感会使孩子对"卓越"产生敬畏，父亲的好行为会在家庭内部有着良好的传播。

　　母亲的"角色模型"通常是感同身受地将价值观与家庭中的每一个成员联系起来，并将之转化为针对价值观差异与不同的充分理解。母亲将"爱"带给每一个家庭成员，将爱与价值观相联系。孩子们不仅在情感、物质、灵性上需要父母，更需要父母帮助孩子在灵性上做到"与神连结"，做到"似神"，给孩子提供灵性上的培育和精神上的喂养。男女组成家庭，家庭是繁衍的细胞，家庭的繁衍具有"似神"的特征，通过道德和精神的繁衍，实现"似神"的创造。

尊重信仰传统

灵性能力的培育对"与神连结"不仅具有至关重要的作用,而且也是对信仰传统和信仰制度的尊重,这就是对文化与文明的尊重!尊重同样也体现出对老师道德教育的接受和支持之上。尊重同样体现在对信仰传统和信仰制度的支持和接受之上。而文化上的享乐主义、物质主义则消解了这份尊重。以下我们将举例说明,在所谓先进社会中存在的信仰迫害。

在澳大利亚,曾有一项提案,规定所有公立学校(其他国家也同样如此)不得歧视同性恋,也不得对有同性恋倾向的同学施加任何歧视性行为。这条规定旨在向孩童和学生介绍同性恋行为在文化上的合法性。同时这项规定在其他场合同样适用。提案的目的就是通过性别多样性减少对同性恋的歧视。这项规定消解和破坏了父母对孩子的信仰和价值观的培育和言传身教。

其次这项规定也是对信仰和信仰自由的行为攻击。在平权、平等的说辞下,要求宗教学校的职员公开称述个人价值取向,包括个人的性取向。以此展示和炫耀这些学校的宗教宽容精神。这种荒谬的"宽容"说是为了展示圣经老师或者校长的某种模范榜样,将会对其他教职员和学生产生很大的影响,而且这种所谓宽容完全背离了学校的宗旨和精神。这是对宗教精神的直接攻击。而宗教精神本身就是榜样、教育和传播。

其他的例子还包括,对流产合法性的立法,如2008年维多利亚堕胎法的改革议案。其中有条款规定,反对堕胎的医生(对孕妇的生命安全无需施救)可以将期望堕胎的孕妇介绍给哪些不反对堕胎的医生。对不遵守此项规定的医生,可以吊销其执业资格。有一名医生就面临了这样的处罚,因为他拒绝为一名孕妇流产,流产的理由竟然是父母不想要女孩。这条立案既是强制杀人,也是对信仰的迫害。

3. 社会组织

公义与公正：社会行政管理　立法的精神来源

诺亚律法强调公义和公正，公义和公正是人际交往中的重要原则之一：公义和公正是个人与国家（公义和公正是国家立法的基础）、个人与个人之间的交往基础。而公平、客观是公义与公正的基础（公平与公正体现在众多的细节之处）。公正与公义衍生自个人的道德和社会文化。这就要求国家立法和审判机构必须要对诺亚律法有深入的理解。

威廉·布莱克斯通（William Blackstone）评论英格兰法典时说："诺亚律法的立法传统和立法理念高于国家立法机构的律法概念。"国家立法称之为主动性立法，但国家立法不得与神圣律法相冲突，神圣律法是天然立法，来自信仰传统。因此国家立法机构的法律条款必须简单实用。国家立法机构的立法概念也不得与诺亚律法的原则相冲突，但并不排除党派和观点的多样性。立法辩论的最终成文，合乎诺亚律法的原则（而且必须合乎诺亚律法的原则）。

同样的原则也适用于司法解释和司法审判。澳大利亚最高法院首席大法官说，宗教传统中的普世律法原则，在司法解释和司法审判过程中，具有重要的参考价值。但问题是，此种建议仅来自近期的澳大利亚最高法院的案件审判过程。

这个建议最初来自关于同性婚姻的裁决，该项裁决是关于联邦政府对澳大利亚首都领地法的挑战，领地法规定了同性婚姻的合法性，理由是宪法将有关婚姻的法律授权给了联邦议会。但最高法院否决了领地法，终止了对领地法的辩论，同时宪法法院也保留了联邦议会有关婚姻法中的异性婚姻的条款；领地法在婚姻条款中新增加了"同性婚姻"的条款，但最高法院拒绝了同性"婚姻"的描述，因为如此描述将使婚姻的定义不再具有传统信仰的基本精义。而且对法律的制定和解释权依然限定在联邦议会的职权范围内。在所有这些案件的审理中，我们没有看见最高法院坚守诺亚律法的要点（译注：最高法院没有作出裁决，只是把解释权推给了联邦议会）。

第二个案例是：最高法院动摇了专职宗教学校的教师基础，联邦政府在宪法法院的授权下拥有专项基金，该项基金（以及分项基金）授予立法机构用于"学生福利"，但最高法院对此专项基金的使用存有争议，认为基金对学生的补助仅仅体现在物质和资金上的支持，但不具有任何精神意义上的资助，最后取消了该项基金。此种争论或许并不合乎普世价值的原则，但"人活着不是单靠食物，乃是靠至高者 神口中所出的一切话"（申命记 8:3）。我们认为宗教学校的老师同样属于国家教育系统的一部分，应该享受政府的正常教育支持。

另外还有许多重要政策法规以公义之名实施，对贫穷的社会阶层而言，立法机构和法律制度同样具有教育的功能。因此既不可轻易立法，也不可轻易裁决，法律的执行应该在普世价值体系之下，不可违背普世价值的原则。法律的执行同样也是对全社会的普法教育。正如前首席大法官所指出的那样，法治的根本问题不仅在于惩处，更在于对普世价值的谆谆教诲（不仅是针对犯人的教诲，更是对大众的教诲）。

大多数的犯罪分子都来自非正常家庭以及教育程度普遍低下。社会由家庭、社区和学前教育组成，因此儿童时期的普世价值观的教育家庭、社区亚学前教育将要承担主要责任。公义与公正不仅来自审判，更来自教育。

经济伦理学：互惠与人类尊严

偷窃是对他人合法财产的侵害，与偷窃相对应的就是尊重他人的合法财产权。所以偷窃、诈骗等归类于民事法，即便所偷窃的财物不属于他人所有，犯罪认定依然成立。诺亚律法在经济法方面，要求尊重他人财产，尊重他人合法权益，不可偷窃，不可侵害他人财产和合法财产权益。

人与人之间的交往，以及社会组织之间的交往，虽然受社会文化影响，但必须以诺亚律法为双方的共同基础，同时也受到人与神之间的关系影响。

以下将给出某些案例分析。交通运输的提升和繁荣建立在"互惠"基础之上，客人购买车票，由验票员检查确认，验票员有权对没有购买车票而乘车的逃票人员给予重罚。逃票人之所以逃票，是因为寄希望于不被查获；小偷施行偷窃也是寄希望于不被发现。在我们的信仰中，我们坚信至高者 神严禁偷窃，神是唯一，神监察所有，无一遗漏。即便查票员没有发觉逃票的人，但至高者 神明察秋毫。查票是构成体系完整的一环；而逃票，则来自个人的道德文化修养。

对有些人而言，他们总是尝试想要违法冒险和盘剥他人，违法冒险的念头除了来自私利的诱惑之外，还有对他人的冷漠，在邪恶动机的驱使下，产生了对他人的欺诈和抢劫。与此相反的则是一种团队与组织的归属感，包括了对价值和尊严的持守和维护。对团队和组织的尊重使人们远离偷窃和欺骗，坚守自己内在的价值观和道德标准。在诺亚律法的原则之下，我们当待人如待己，因为我们都有神之形象。他人的尊严为神所赐，因此当予以足够的尊重。这样的意识同样来自个人的道德文化背景。

最后，在经济交往过程中，当持守公开、公正、公义、对等原则，不可暗中含有偷窃、欺诈、欺骗、侵害他人合法权益的念头，这样的意念为不洁，属于不道德意念。典型的例子就是出卖灵魂、赌博、毒品交易。自由主义者所坚称"无受害者"理论，主张个体之间的自由交易。有人认为个体之间的自由交易没有直接导致精神和身体伤害，属于自愿交易，不存在一方对另一方的盘剥和欺诈。针对这种论点，我们的回答依然立足于道德文化层面，这些交易行为所产生的后果既是对社会道德和价值观的侵蚀，也是对我们所居住环境的侵蚀。比如卖淫，就是对尊重、契约、家庭的破坏。赌博诱发人的投机和一意孤行，给家庭和财产带来巨大的伤害。毒品使人丧失正常思维能力和尊严。所有这些行为，无论其合法与否，无论其是否被起诉，都应该受到全社会的抵制，更不应该受到美化，成为社会惯例。

保护生命　尊重生命　理解生命的意义

在享乐主义、物质主义的观念中，没有创造主和灵魂的观念，享乐主义、物质主义者们比那些失败的生命更加无望。在对待生命的认识上，除非有特别的强制性道德环境存在，比如正当防卫，享乐主义和物质主义对文明的破坏更是无法估量。在享乐主义、物质主义占据主流的地区，每年都有无法估量的堕胎、安乐死。这是因为在享乐主义和物质主义者看来，人类所具有的唯一能力就是积极地享受快乐。假如人类的存在方式与物质享受的能力之间没有明确的联系，生命将不再具有价值。当胎儿尚未形成感受快乐的能力之前，等同于绝症患者，这样的人类必须被终止生命。在享乐主义、物质主义的观念中，堕胎和流产有利于社会享乐主义和物质主义的发展。

诺亚律法特别关怀人类的苦难，对于人类的苦难给予特别的怜悯和仁慈，并着力减轻人类所遭受的不幸与苦难。诺亚律法认为：主动干预生命进程、终止人类生命是对至高者 神主权的侵犯。因为神设定了人类的寿数，为人类生命规定了特殊的意义，只有神才能掌管人类生命的进程，也只有神才能带走人类的生命。但这并不意味着，人无需寻求积极的治疗，而只是被动地坐等生命的逝去。只是我们不可主动终止生命。

人类遭受苦难的原因，我们并不是十分了解：因为我们无法测量至高者神的意念。在生命的过程中，人类的行为、语言和思想（如维克多·法兰克所言：需要积极主动地面对苦难）对生命的进程起着至关重要的作用。我们不仅要积极面对自身的苦难，也要积极面对他人所遭受的苦难。无论我们是否意识到，我们都可以在至高者 神那里获得救赎的力量。

　　另外杀人的根本性错误在于，消解了社会存在的基础（正当防卫除外）。流产和堕胎同样将会对其他社会领域产生腐蚀性影响。流产和堕胎的合法化，为社会堕落打开了方便之门，更扭曲了社会文化和道德价值。

　　这样的立法仅仅是对随心所欲的社会趋势和意识形态做出的反应，放松了道德上的严格要求，为道德堕落打开了大门。虽在表面缓解苦难和疼痛，但本质上是加深了苦难和疼痛。

　　堕胎的需求催生出一种为其提供服务的经济行为，但事实上仅仅是助长了"不愿生育"的社会环境。堕胎为"不作承诺""不承担责任""乱交"等提供了保护网。是对诺亚律法中有关人类性行为原则的消解与破坏。在诺亚律法的原则下，人类性行为对于婚姻和生育具有重要作用，婚姻与生育为性行为的前提，是生育的重要保障。同样，社会对安乐死的立法虽然旨在为社会提供帮助，为那些实在无法忍受痛苦的人减轻负担。但事实上，社会立法的立论认为，生命如同商品，有遭受痛苦的生命，有提供减轻痛苦的服务。诺亚律法禁止杀人，并努力塑造一个欣赏生命、尊重生命并支持生命的社会。安乐死看起来好像是为生命提供了尊严，但事实上却带来了对生命的冷漠。最为怪异的是：比利时竟然发展出对儿童实施的安乐死，任何年龄的儿童都可以实施安乐死。

　　在堕胎和安乐死的案例中，人们普遍认为：生命已经不再能够充分享受快乐，因此也不值得继续存活下去。实施安乐死是唯一减轻痛苦的方式。堕胎法案中，胎儿仅仅具有潜在（事实上不具备生存能力）生命力；

而安乐死法案中，因为物质身体遭受重创，因此已经失去了生命的意义。但人们从没有认真思考过灵性生命的意义：生命的完整性、生命的存在和价值、生命的演化、痛苦的意义、以及创造的终极目的等。人们只考虑到身体的感受，没有考虑灵魂与身体作为整体性的存在。因此，只有在灵魂的满足和自我实现的前提下，才能充分理解生命的意义和创造的终极目的。这是享乐主义、物质主义者们从来无法达到的意识高度。

堕胎和安乐死不仅摧毁人的生命，更摧毁人的灵魂，甚至成为社会的"消毒机制"，用来清洗掉那些"有害"或者不再想继续存活的生命，破坏、腐蚀了人类的天然属性和价值观念，以及对待生命和创造的态度。事实上，享乐主义和物质主义的世界观就是通过堕胎和安乐死来实现"清除人类生命"的目的。这种观点甚至超过了历史上的种族灭绝。因此，我们必须要有足够的质疑，对其所谓的"怜悯"要保持足够的怀疑和清醒的认识。

我们必须以自己最大的努力来减轻痛苦。而以国家政策鼓励安乐死以减轻病痛的方式实为奸诈之举，与怜悯背道而驰。真正的同情是针对人的全部，不仅针对人的身体，也针对人的灵魂，更要体现出对造物主的尊重。在生命的维度中，神赐给我们身体（并没有取消我们的身体），因此我们必有能力承担应有的责任，并在苦难的经历中发现生命的美好。

假如没有个人道德文化的支撑和盼望，而个人道德文化又与什么是人的概念有关；而人之所以为人的概念，必定包含了神与人类灵魂的概念。因此，目前社会立法对禁止杀人的认识尚未达到十分清晰的程度。人类律法如何才能更为合理？首先要禁止谋杀，禁止杀戮。因为人的灵魂是造物主所赐，为人类所独有，即便我们身处苦难之中，我们的灵魂依然为神所赐。假如我们对灵魂认识不清，甚至忽略灵魂的存在，我们必将犯下不可饶恕的错误。毕竟，生命需要得到保护。

第 5 章　政策：国家政策、国际政策与诺亚律法

概览

在国家范围内，诺亚律法很好地解决了信仰与国家、个人道德（人与神之间的关系）与公共道德（人与人之间的关系）之间的关系；而在某些社会形态中，则倾向于将此两种关系分离，并竭力使个人道德领域边缘化。但人与人之间的法律关系和社会管理规则最终还是来自个人的道德和信仰。而且国家也不能通过立法来破坏社会自身的道德和信仰基础。这也解释了美国国家的多元性和中立性原则：国家的有序运行不但不排斥信仰，而且更有效地维护和保守美国社会的共同精神和文化价值："无教派，但严格遵行一神论"！美国的立国精神即建立在诺亚律法的基础上。

诺亚律法是世界宗教、文化和国家之根，同时也是和平与世界秩序的基础。当前国际社会明显的现实就是冲突、战争、独立运动；国家主权、国家管理只能产生于具有共同道德和权威的关系之下，同时个人生活也在此共同道德的监督与约束之中。

如同大家所看到的，从目前的冲突来看，以色列对世界和平起着至关重要的作用。在诺亚律法的框架和原则范围内，有三个原则性的概念非常清晰：以色列土地的所有权；各个社区和个人在以色列国家范围内的和平共处；世界和平与以色列的安全密切相关。

1. 国家　社会与诺亚律法

公共道德与个人道德的统一

　　至高者 神在西奈山将律法赐予摩西（Decalogue），十诫被普遍认为是整个社会的基础，从社会基础这个意义上说，这是非常准确的。诺亚律法是西奈传统的一部分，也是至高者 神对人类普遍启示的一部分，与十诫一同交付给了人类。而且，十诫的大部分内容与诺亚律法有着重叠，在很大程度上与诺亚律法有着密切的关联。只在很少方面有着不同的针对性（比如守安息日），因此我们必须要对诺亚律法有更深的理解。

　　诺亚律法和摩西十诫都注重人与神的关系，注重人与人的关系，在国家背景下，都论及了个人道德与公共道德、信仰与国家的关系。诺亚律法与摩西十诫的原则都规定了人与人的关系，以及人与神的关系；诺亚律法和摩西十诫都是信仰的价值观起源（来自至高者 神的诫命）。国家的概念通常被认为是人际法律的领域。而信仰则被认为是人与神之间的诫命与律法限定领域。律法与个人道德之间有着密不可分的联系（比如人与神的关系），律法与个人道德也与人际交往密不可分。必须要特别指出的是：个人道德，比如性道德，从来都是立法的重点，虽然立法有时并不能得到严格的执行。这是一个非常微妙的领域，具有非常的敏感性。但无论如何，政府必须要为此做些什么，在神看来，个人与社会、个人道德与公共立法之间并无任何差别。

　　首先，在个人关系（人与神）和公共关系（人与人）之间，会产生出众多的愿景和期盼。因此，诺亚律法和摩西十诫都严格规定：不可拜偶像。至高者 神为我们独一的主,这是神的诫命。同时律法也严格规定：不可亵渎神的名，此条诫命与不可拜偶像有着密切的关联，在个人关系中起着至关重要的作用。乍看之下，我们看不出性关系的律法和个人与神的关系之间有什么关联，对此的答案似乎是，从非常基本的意义上看，这与人的灵魂凌驾于肉体之上有关。纯粹的个人生活是人与神之间良好关系的一部分（来自诺亚律法对个人关系的要求），是对诺亚律法的完全遵行，是对人际交往和公共关系的规范与限定。毕竟，公共律法的基础首先来自对个人行为的规范。

其次，神圣的律法体系需要从个人领域扩展到人与人之间的领域，最为明显的基本律法原则就是"不可偷盗、不可杀人"。但也存在着大量的"灰色地带"，这样的例子比比皆是：比如，明目张胆的杀人不会得到大众的支持，那么协助自杀、安乐死呢？禁止盗窃他人钱财，那么在市场上普遍存在的心理欺骗和心理操纵呢？诺亚律法的原则是公义、道德的律法体系，可以在人与人的关系方面得到充分的执行。但是如何从技术上延长诉讼程序从而有利于更为富有的客户呢？诺亚律法的原则通过个人信仰和道德对所有这些灰色地带的人际关系做出了明确无误的阐明：追随至高者 神的诫命，遵行神的意愿，而不是顺着自己变幻莫测的粗野的本性。

应该指出的是：那些在公共领域中最具有弹性地保持了体面和尊严的社会，那些没有屈服于专制和恐惧统治的社会，正是那些对圣经有普遍理解的社会。诺亚律法，具有神圣的西奈传统，直接来自西奈、来自神的吩咐。美国国会在 1991 年即批准通过了诺亚律法，在信奉一神论的国家中，美国是世界上最虔诚的国家之一。正如美国的立国宣言所宣称的那样："我们信靠至高者 神"，明确展示了美国国家政策的道德基础，同时也是美国与世界其他国家交往所遵循的原则。尽管在美国的历史上曾有过孤立主义插曲，隔绝在世界体系之外。在马克思主义和其他的物质主义者们的眼中，他们对美国的动机有着深深的怀疑，因为马克思主义和物质主义只接受物质利益的驱使，马克思和其他的社会主义者们都试图将至高者 神和灵魂从人类的话语体系中移除。

信仰与国家分离

美国宪法第一修正案指出，国家不建立在任何宗教基础上，这就十分清楚地解释了，信仰与国家的分离。有一种极端的理论认为：应该将任何信仰从国家公共领域内排除，包括国家教育和研究机构。但也有相反的观点（来自真实可信的西奈传统），认为国家不应该干涉信仰，公民应该有信仰自由，公立学校也可以为那些有信仰的学生安排专门的祷告时间。有些人想要通过第一宪法修正案否决这些提案，有些则捍卫这些提案，捍卫这些提案的始终都是坚定的诺亚律法的遵行者，但这些提案遭到国家宪法第一修正案的否决。

最初的案例来自"国家与信仰"的讨论会，当初考虑设立与性道德有关的立法，例如有关同性婚姻的民事法规，以及在法庭上展示的有关十诫等的象征符号，或者在哀悼的时刻所使用的相关音乐或物品、符号以及在公立学校设立祷告室等。从诺亚律法的观点来看，同性恋应该受到严厉的禁止，这一点在圣经中有着十分清晰的表述。偶像崇拜和亵渎也同样在禁止之列。相反的论点认为：有信仰，敬畏神绝对是好的，然而今天，当人的灵性至少是部分地黯然失色——在这里，人们已经感觉不到（甚至能清晰地把握）人与神之间存在着违法的缺陷——至少在社会上是如此。

因此，无论是有意还是无意，无论是好是坏，国家都是道德的教育者。国家有两条道路可以选择（远离不道德行为），这两条道路都将对人们的道德行为产生巨大影响。在公正地保护思想的自由和多元化的国家中，要么选择"忽视"或选择"许可"，其他的道路都将是"委托"。在人际交往领域内的犯罪行为，比如偷窃、暴力伤害他人等，法律都将对此做出相应的制止和惩罚措施。在某些纯粹的监管领域，比如交通管理领域，也同样有罚款、吊销驾驶证等惩罚措施，这些小小的违规行为，比起杀人等，轻微得多。比如超速、违规停车等。在人际交往过程中，严禁忽视法律规范，不得以任何借口侵害他人：人有义务接受法律的约束，这是为人的基本准则。国家并没有将守法的责任留给那些据认为是天生的、或后天习得律法的人。对违法行为的惩处，是为了树立法律的尊严，使人人都守法。当有新的法律规范推出，比如改变拥挤路段的车速时，国家必须要事先施行全民教育，广泛宣传，对那些依然采用老旧车速的，施行罚款。对新法的推出，必须做到充分的宣传和施行。简言之，在对儿童的教育方面，同样也伴随有惩罚措施或者威胁要执行惩罚措施。而社会教育同样也应伴随有相应的惩罚措施。在教育的基本水平上，哪些是不受惩罚或者默许可以强制执行的（那些特别高雅的人不在其内：比如绅士的语言对自己和其他的绅士都是某种承诺或约束，但在社会上通常需要正式的法律文件）。

在民事法中也同样如此，惩罚虽不是首先采取的措施，但是法庭依然可以采用惩罚措施作为审判手段，而违约将被视为藐视法庭。与此同时，法庭也不能首先采取惩罚措施，毕竟民法与刑法有着本质的不同。即便如此，对违背民法的行为采取间接的惩罚措施同样也能在社会上起到尊重法律的作用。

国家有时并不需要通过惩罚措施来贯彻法律的执行，比如诺亚律法，即规定了可行与不可行的领域。不能以惩罚为主，也不能以放纵为主，而是应该通过基础教育，将律法潜移默化为全民的道德准则，从而使全社会都达到美满和谐的状态。在全民教育的基础上，将不再有通奸，也不再有对通奸的惩罚；因为人人都知道这样的行为是错误的（其他领域同样如此）。最终的结果是对通奸行为的去污化，从而保持社会的纯真。国家可以通过教育对通奸行为形成新的概念：通奸是错误的，也不被社会所认可，而不是对其疏忽或默认。国家应该在道德教化上起到更大的作用。

国家使教育世俗化，但是传统却提供保留精神价值的空间。当下，除了沉默的时候，国家已然成为了一个活跃在道德领域内的教育家（对抗着信仰）。这也导致了同性婚姻如同异性婚姻，具有合法地位的状况出现。然后国家就会教育一代人所谓同性婚姻与异性婚姻均为正常的家庭婚姻关系，但是，人类的有些行为却被诺亚律法和传统信仰明确而坚定地拒绝。另外青少年的可塑性和多变性是否会在社会风气的诱导下导致同性恋比例的升高呢？是否连父母在内的所有人都无法以权威的方式规范婚姻与恋爱呢？曾有媒体刊登了一则报道：在德国，性工作者是完全合法的，可以通过职业注册机构完成申请和注册。德国的法律为国家立法，其宗旨为社会保障与就业努力有密切关系。妇女希望自食其力，结果有些职业介绍所将之安排在酒吧和性工作者场所。而假若拒绝的话，则没有其他可选择的机会。同时拒绝合法工作的，将会被大幅度降低社会保险金额。在这种情况下，国家没有简单地许可性工作者的开放，而是将性工作者制度化，规范化。

假如国家不许可在公立学校有祷告时间或设立祷告室，或将同性婚姻合法化，视同性婚姻为少数无神论者的"合法权益"，或者将同性婚姻作为合法选项之一，为什么不为他们实行经济自由主义呢？虽然看起来似乎有着物质伤害的感觉，但没有或者至少没有一种更弱的精神伤害。另外，我们要问：国家是否可以将违背（伤害）道德领域内多数人的价值观制度化呢？在物质领域，按照多数人的精神价值行事，就一定会忽视少数人的利益吗？诺亚律法对此规定：严格保护、不得侵害社会道德和人类普遍的精神价值。

美国的"信仰自由"：普世的一神论

为什么要以美国为例？为什么美国是传统道德社会？首席大法官道格拉斯（Justice Douglas）代表联邦最高法院对朱拉赫·V. 克劳逊（Zorach

V Clauson 1952 年）的案件宣判时说："我们是有信仰的民族，我们的制度预设了一个超我的存在"，国家应该"尊重人民的信仰自由，使公共服务与人们的信仰需求相适应"。与此同时，他还发表了一项声明，说明国家对各种信仰保持中立。那么，什么样的多元主义才符合社会信仰特征呢？

美国社会学家罗伯特·贝拉（Robert Bellah）在他《美国的信仰自由》中通过对不同派别的总统对上帝的公开引用来描绘美国的信仰精神。所有的总统都引用圣经的教导，信靠独一的真神，除了一神论之外，再无其他信仰。普林斯顿大学教授罗伯特·P. 乔治（Robert P George）在一次私人交流谈话中（假如没有公开发表，我将不会引用）认为，美国的立国精神就是"一神论"。美国联邦最高法院近期有两个审判案例，都与法庭悬挂有十诫标志有关，我们在公共范围内发现了详尽的参考资料，来自总统和其他官方的资料，这些资料都提及至高者 神，首席大法官安东尼·斯卡利亚（Antonin Scalia）对此提出自己的观点，而安东尼本身就是基督徒，他说：

乔治·华盛顿在第一届国会上发表的感恩节宣言严格意义上是不分宗派的，但发言的立足点是以一神论为基础的……华盛顿的所有行动以及我所信仰的第一届国会和所有的感恩节献言，几乎都贯穿于我们的历史。当然我们政府支持信仰自由还有其他许多例子，我可以举出许多有关信仰上帝的例子，却并非来自基督教的创始人。

简而言之，我们有充分理由认为，美国宪法正确地规范了各教派之间的竞争，其意义根本不在于使信仰相对化，而美国信仰的共同特征，就是圣经中的一神论。

还有两点需要说明，首先，美国的无信仰群体一般不倾向于破坏社会信仰价值观的基本元素。而且这类举措（指去宗教化）是一个例外，而不是常态。第二，美国的价值观（捍卫人权）不是用抽象的或自然的正义来表现的，而是深深地根植于对至高者　神的信仰，正如 J.F. 肯尼迪在总统就职演说中所表明的那样："人权不是来自国家的慷慨，而是来自上帝之手"。一神论的基本要素来自对圣经的信赖、来自西奈传承。我们的道德原则即由此而来，所有这一切都为美国国会在 1991 年通过诺亚律法做了十分重要的铺垫和准备。美国国会在 1991 年正式公告："这些超自然的价值观和原则在人类文明诞生之初就是社会的基石，它们称之为诺亚七律"。

　　因此，所有民族、所有国家都应该审视自己民族精神的信仰层面，事实上，人类压倒性地相信上帝，并能与诺亚律法的基本概念产生共鸣。虽然也有尖锐的无神论少数派存在（通常与部分大学有关），并表达不同意见，这依然与其个人信仰的经历、禁忌有关，又或者是一种忘记了其信仰根源的世俗人文主义。

2．人类社会与诺亚律法

国际秩序和国家主权

　　习惯国际法是现代国际法的来源，习惯国际法基于各国选择遵守的惯例；有国际法院，各国可以选择加入；联合国的成员国之间存在政治关系，某些国家也拥有否决权；而联合国成员也必须在条约规定的范围内活动，遵守联合国所制定的各项政策规定。所有的国际法都具有一个共同的特点，那就是自愿原则；代表了主权国家的选择和承诺；联合国所制定的各项法规不受道德或法律权威的约束，凌驾于各国的主权存在之上；因此，只要自愿加入联合国，就必须接受联合国法规的约束。但是联合国的权威并非是绝对的。

　　上述就是现代国际法的特征，自文艺复兴和启蒙运动以来，现代所制定和实施的国家间的法律体系，符合主权国家实体崛起的政治现实需要。与国内法相比，国际法的历史渊源属于不同的政治现实和不同的法律观念。在远古时代和中世纪，在主权国家作为国家普遍原则出现之前，主要以自然法为主，自然法具备普遍适用的具体道德概念，自然法管辖各国，就像地方或国内法管辖单一国家内的个人一样。

　　通常，在罗马法或中世纪的教规中，其所依据的，据称均为普遍和不可改变的原则。而与自然法则相对应的政治现实是罗马帝国的"Pax Romana"即罗马和平法以及随后天主教在中世纪欧洲的霸权。因此自然而普遍的道德就是仲裁个别国家的法律基础；同时，自然而普遍的道德也是所有民族和所有国家的法律基础。但是，在上述两种情况下，都没有可以被普遍接受的实体法。因此，有一项"新"的选项可以为全人类制定一部可普遍接受的实体法：这就是诺亚律法！自文艺复兴以来，人们再次讨论诺亚律法的新颖之处，而现代国际法之父雨果·梒劳秀斯（Huge Grotius）就致力于将诺亚律法作为国际社会的法律基础。

　　针对战争而言，挑动战争为非法行为，因为诺亚律法禁止杀人！而诺亚律法同样也适用于社会内部。迈蒙尼德的《君主法和战争法》中包含了诺亚律法，同时规定了国家被击败的认定。而所有这些律法论著都是和平的基础。在此，我们略略修改 J. F. 肯尼迪的一句话：和平的确立并非通过协定或威慑，而是通过共同的价值观基础。我们坚信人类具有共同的价值观和信仰基础，而所有的这一切，都包含在诺亚律法之内。

　　诺亚律法作为普世的国际秩序法则，或者说国际社会的秩序法则，不但具有坚实的道德基础，同时也具有现实的法律基础，而且更为国际政策提供了理论支持。诺亚律法既不是现实政治的工具，也不是本质上无法无天的相互威慑并在威慑中实现"恐怖平衡"，更不是主权国家可以任意妄为的无政府国际社会理论。相反，根据西奈传统，诺亚律法建立并维护了国际社会秩序的道德统治权，通过设立公正的司法审判对国际争端实施仲裁。因此，宇宙的第一个特征就是诺亚律法，诺亚律法将人类置于至高者神的管治之下，并保证了国内法和国际法的连续有效。诺亚律法并没有废除国家主权（国家主权依然可以行使社会管理和国家财政安排），也没有试图融合各国的文化个性，但是诺亚律法要求各国和所有人都必须服从于同样的人性法则。人性法则的具体体现就是：诺亚律法！

许多人都知道圣经中的预言，而圣经预言正是建立联合国的灵感来源，联合国的宗旨则是圣经中的话语"将刀打成犁头，将矛打成镰刀"。世界上很少有人知道联合国的宗旨，也很少有知道联合国宣言：

《以赛亚书》2:2-4 说："必有多国的民前往说：'来吧！我们登至高者 神的山，奔雅各 神的殿；主必将祂的道教训我们，我们也要行祂的路。因为训诲必出于锡安；至高者 神的言语必出于耶路撒冷'。至高者 神必在列国中施行审判，为多国的民断定是非。他们要将刀打成犁头，将矛打成镰刀；这国不举刀攻击那国，他们也不再学习战事"。

以赛亚的上述预言涉及世上的所有国家，但并不是说世上的国家将会失去他们的特性，而且以赛亚提到了普世的教导：一神论！雅各的 神也是亚伯拉罕的 神！至高者 神是人类之父，也是人类文化之父，人类道德和精神的提升来自诺亚律法的教导。诺亚律法包含了普世的对与错的原则，诺亚律法的最高原则是在世界各国和人民之间实现永久的和平。

这古老的预言投射出人类的希望和光辉的梦想，我们也可以用现代语言来解读这则古老的预言。作为主权实体，当代国家的特征已经与中世纪和古代社会有了明显的不同，主权实体有自己的文化传统和自己的法律体系，但是各国的法律体系必须置于普世伦理的范围之内，必须以诺亚律法的根本指导。

诺亚律法不仅是国内法的基础，同时也是国际法的基础。正如上述所言，迈蒙尼德在他的著作《法典》中写道：战后和平的一个先决条件就是交战双方对诺亚律法完全无条件的接受。除非是自我防卫，禁止战争的法理来源就是诺亚律法中的禁止杀人。该条款也适用于为他人和自我辩护。假设没有其他方法可以阻止侵害者对受害人的加害，那么第三方可以为保护受害人免遭伤害而攻击侵害者。

值得注意的是，许多实证主义法律学说（通常由主权国家自行制定）都与超实证主义和跨国规范相冲突。因此，他们试图创造一个"隐私空间"，或者创造某种"主权庇护所"（所谓国家主权神圣不可侵犯之类的谬论），从而为国家谋求无限制的管治权。诺亚律法作为普世律法，其基本精神类似自然法，对个体和社会行为有较高的约束。因此，国际社会才会组织针对萨达姆·侯赛因的海湾战争。针对萨达姆拥有大规模杀伤性武器的证据，国际社会一致认定，国家具有不可侵犯的主权和自治权空间，但面对他国的侵犯，受害国有自卫的权利，国际社会也有主持公道的道义责任。从诺亚律法的律法角度来说，萨达姆·侯赛因以武力吞并弱小邻国，鼓动本国人民参与侵略他国、参与国际恐怖活动，仅就此一点，就可以成为对他进行干预和制止的合法理由。

另外从维护正义和国际社会安全的角度出发，对萨达姆的攻击也同样具有合法性。

由于现代国际社会过分强调国家主权，且国家间又不具有共同的普世道德观念，因此国际社会不具有长期稳定与和平的基础，这就是黑格尔对康德"联合国议会"概念的批评：

康德有一个想法，即通过国际联盟来调解各样的争端，从而确保"永久和平"。国际联盟具有所有成员国认可的权利，因而可以对所有的国际纠纷进行仲裁，使争议双方不必诉诸武力来解决争端。该构想的前提是，国家之间需要为此达成协议，这将取决于是否具有共同的道德、信仰或者其他的理由和建议。但在任何情况之下，该构想最终取决于一个特定的主权意志，因此仍将受到偶然性的影响。

黑格尔接着总结说："加入国际联盟的各国，他们各自的意见无法达成一致，各自特殊的意愿和目的无法得到协调，那么问题的解决依然需要通过战争来解决"。假如我们不接受黑格尔对自己所提出问题的解决方案，我们就会意识到，组成国际秩序的各个主权国家必须接受具有普世价值的道德律法。

因此诺亚律法就成为唯一的国际法基础，每一个主权国家都应该遵循诺亚律法的原则，诺亚律法的原则当然也是国内法的基础。

这里出现了另外一个问题，接受诺亚律法，以及在西奈山所显明的、写在圣经中的其他诫命原则，是否会被其他文化视为一种"强加"？事实上，任何文化，任何信仰都具有某些共同的道德观和价值观，并构成了世界人口的绝大多数。而且这个问题以某种不同的形式和程度与美国社会相关，且已经由美国联邦最高法院提出并给出了答案。在对美国法庭悬挂或铭刻有十诫的标志，大法官安东尼·斯卡利亚（Antonin Scalia）说：

在美国有三大信仰：基督教、犹太信仰、伊斯兰教，他们占据了一神信仰 97.7% 的人口比例（具体参见美国商务部统计局 2004—2005），他们都坚信：十诫是至高者 神在西奈山赐给摩西的，十诫是人类美好生活的指南。

犹太信仰、基督教和穆斯林构成了全球文化的主题，正如他们都承认至高者 神在西奈山将律法和诫命交付摩西（十诫），所以他们对西奈传统并不陌生，对诺亚律法当然也有比较好的了解和认识。至高者 神在西奈山赐给十诫，并重申诺亚律法；因此，十诫和诺亚律法具有共同的基础，是可以确认并回溯到"人类文明初期"的传统或道德规范。正如我们前面所提到过的印度教和佛教，同样也具有亚伯拉罕之根，在具有共同历史记忆（集体无意识）的基础上，我们可以看到印度教、佛教对诺亚律法所产生的共鸣，毕竟，在西奈传统的很久之前，亚伯拉罕就已经在教导诺亚律法了。即便是世俗的人文主义，也有着传统信仰的背景，有着集体的历史记忆，这历史记忆就是诺亚律法。人类的灵魂具有普世之根，人类的文化同样如此，人们曾经拥有过，后来却被遗忘，但依然可以从内心深处被唤醒的，正是诺亚律法在人类集体无意识层面中的历史记忆。在人类历史上，虽然绝大多数人没有系统地了解和学习诺亚律法，但确实可以通过倾听，感受到诺亚律法在心灵深处所产生的共鸣，诺亚律法正是人类和平繁荣的跨文化之根。

3．诺亚律法与以色列地

以色列合法拥有以色列地

现代国际地缘政治的重点，包括整个国家集团，均为非以色列（犹太）的亚伯拉罕文化传承所代表：西方基督教社会和穆斯林世界对以色列土地的觊觎。在众多的国家内部和国际社会，都有不同的声音，以不同的尖锐程度，争论着以色列人（犹太人）是否拥有对圣经中所应许赐给以色列土地的权利，甚至声称以色列"占领"了他人的领土。与此同时，无论是通过军事或外交手段，人们试图在以色列境内实现不同民族的和解与共存。全世界都在讨论着"解决方案"，而直到目前，国际社会唯一能达成一致的就是：至今尚未找到解决方案。最后，人们不得不问，为什么这么一小块土地的争端会成为世界冲突的"引爆点"，并成为世界和平的核心问题？

所有这些问题用与诺亚律法直接相关的方式重新表述：（1）如何通过诺亚律法来解读以色列人（犹太人）对以色列地的合法拥有，从而回应那些认为以色列人"偷走"土地的观点？（2）如何以诺亚律法为基础，为解决当前的冲突提供律法依据？为以色列国内不同族群之间实现民族和解提供依据？（3）在国际关系中，实现世界和平的唯一基础乃是遵循诺亚律法。以色列的安全会对世界和平产生重大影响吗？针对诸如此类的问题我们将在此展开论述。

诺亚律法中有两条重要的原则：严禁偷窃、严禁杀人。这两条原则可以作为国际关系的基础。不可杀人，但可以自卫；自卫是行使战争的首要理由。在圣经中，至高者 神吩咐（神是生命的主，授权发动可能造成生命损失的攻击性战争）约书亚（约书亚在摩西之后，承担起带领以色列人的重任），通过战争方式，征服并继承土地。虽然从圣经时代起，以色列地就已经由至高者 神赐给以色列人为业，但现在的问题是：在没有特定条件的前提下，是否可以在没有神圣授权的情况下而发动攻击性战争呢？而约书亚的战争是具备神圣授权的。以色列目前所占据的领土，并非通过攻击性战争而获得的，现代以色列国家的建立来自 1947 年的联合国决议，从那时开始，以色列的扩张无一例外都是出于防御战争的需要。在圣经所规定的以色列领土范围内，以色列目前所合法拥有的土地都是自 1948 年起，通过历次防御战争而获得，而防御性战争无需神圣授权。因此，毫无疑问，从禁止杀戮的角度出发，以色列公正地参与了一系列的防御性战争。完全不存在所谓"领土偷窃"的指控。

如何通过诺亚律法中严禁偷窃的原则来界定现代国际关系？按照诺亚律法：无论是通过战争或非战争手段，意图侵占他人土地的行为都属于偷窃。当然通过战争所获得的土地，无论是防御性战争还是攻击性战争，无论是个人行为，还是国家行为，诺亚律法中严禁偷窃的原则都对此有着严格而不同的法律界定：个人偷窃他人财产时，行窃者不需要去征求被害者的同意；国家偷窃他国领土时，以公开征服为手段，在击败受害国之后，强迫受害国授予被征服领土的所有权（事后）。这是绝大数国家的行为模式（但不是所有国家都如此），强权者驱逐或征服其他民族，并在受害者的土地上定居下来。在诺亚律法的原则下：被征服领土现在处在征服者的主权之下，征服者已经拥有领土主权，哪怕这土地最初是偷来的。但是，今天的以色列国土是联合国分治协议的产物，以及随后的一系列防御性战争的结果，与所谓"领土偷窃"毫无瓜葛。

偷窃指违背财产主人的意愿，将财产从其合法所有者那里夺走，我们将在本书第 12 章展开详细讨论。合法财产所有权的三个不同等级：（1）个人合法财产；（2）国家对同一财产的所有权高于个人所有权，因此有时候国家可以从私人那里获得或征用财产；（3）高于并优先于国家对其财产的所有权，这就是神权。至高者 神对万有拥有主权！至高者 神对同一财产的所有权高于国家主权。

以色列土地的归属在圣经的第一节就已经有了明确的预言："起初，神创造天地"。为什么？伟大的圣经评注家拉什问道，假如圣经的主要目的是教导律法，圣经有必要以这样的话语作为起头吗？拉什接着回答说，这个问题已经由塔木德先哲拉比伊扎克（Rabbi Yitzchak）给出了明确的回答：

至高者 神在起初创造的原因是什么？神创造天地的原因就是："祂向百姓显出大能的作为，把地赐给他们为业（也包括赐给其他民族为业）（参见"诗篇"111:6）。所以，有一天，假如有外邦对以色列说：你是强盗，你征服、抢夺了七国的土地（以色列合法继承了约书亚战争的土地），那么以色列可以理直气壮地回答他们：地和其上所有的，都属至圣者 神，感谢赞美归于创造天地的神，神将天下的土地赐给合乎神心意的人，神要将土地赐给谁，就赐给谁（虽然此前迦南地由其他人居住，但他们在神的眼中罪恶极大，所以神将土地从他们手中收回，赐给以色列）。

另外，以色列地真正的所有者是至高者 神，神是全地的主！神将迦南地收回，并将迦南地转赐给以色列人，为以色列人永久的产业。所以，以色列人从没有"偷窃"他人土地，全地的主已经宣告，将此地从不配的人手中收回，转而赐给以色列人为业，从那时开始，这地就是以色列不可剥夺的产业，是以色列永久的产业。这里有一个例外的原则：授予征服所有权，无人可以通过暂居以色列地而获得其永久所有权，而以色列收回神赐的土地，等同于从贼手中收回失窃的土地。

以色列土地和以色列人民的唯一联系就是要完全地遵守律法（律法同样包括农业条例和圣殿侍奉），这是神圣的土地，只属于以色列人民和以色列人民的神圣侍奉。至圣者 神赋予以色列人一种内在的联系，以及不可分割、不可变更的所有权，基督教历代教宗和伊斯兰教领袖人物都十分清楚，而且在可兰经中也有明确记载：以色列地不仅赐给以色列人民，而且以色列人民还必须居住其上。

诺亚律法与以色列地的和平

以色列土地属于以色列人民，正如圣经所言；而对圣经的阐述自西奈传统以来从未间断；认可其他的民族在以色列地的居住权，这项权利在诺亚律法框架内有着明确的界定。圣经规定，以色列人民不可在他们居住的土地上从事偶像崇拜和其他一些野蛮与残暴的行为；同时圣经也严格要求非以色列人必须严守诺亚律法，在诺亚律法的原则指导下，非以色列人有权利在以色列地居住与生活，并享有特别的恩典。

禧年（无论过去还是未来）的遵行会有许多的具体要求与规定，其中包括将购买的土地归还原有的主人，而非以色列人也能成为"Ger Toshav"，即居住在以色列地的外族人。这需要通过在法庭上宣誓接受诺亚律法，并受法庭的批准与认可。

外族人不仅具有在以色列地居住的权利，而且以色列人也有义务去维持和提供他们各样的福利，就像对待以色列人一样的一视同仁。非以色列人在以色列地居住，依然可以在诺亚律法的原则范围内，保持自己的生活习惯和文化传统，但不可将自己的居住权改变为领土主权，并威胁这片土地上以色列人的生命安全。

假如现在，针对"GerToshav"的原则由于传统上规定的条件无法得到完全满足，那么，又该如何对待非以色列人的居住权问题以及他们在以色列境内的居住环境和居住条件呢？这个问题的回答可以从当代评论家的著作中找到，在接受并遵行诺亚律法的前提下，即便没有法庭宣誓和批准（宣誓称为 GerToshav），也可以居住在以色列地。

今天 GerToshav 既可以在以色列地居住，也可以享受与以色列人同等的福利待遇（I ha chayuso）。其唯一前提条件就是：必须亲自而又庄重地严肃宣誓：遵行诺亚律法，遵行西奈传统。

非以色列人社区或单独个人均可以在以色列居住，但不能作为独立的实体存在，如同巴勒斯坦和加沙地区。非以色列人社区和非以色列人在以色列地的居住，在以色列政府的主权管理之下：首先是遵行诺亚律法，以及其他各项以色列政府法规。这主要不是对以色列的忠诚声明与宣誓，而是对至高者 神所颁布的律法的共同忠诚；因为诺亚律法为至高者 神所颁布，并为该地区各种信仰文化所共鸣。尽管以色列政府如同其他政府那样，同样拥有对其居民的所有权与管辖权。

以色列，遵行诺亚律法　爱好和平的民族

中世纪伟大的评论家拿赫曼尼德（Nachmanides）认为：圣经的第一章第一节（起初，神创造天地）对所有民族的土地划分和管理都是至关重要的！各国参与战争和从事自己所制定的计划，他们最终或战胜入侵者，或失去自己的土地，或得到别人的土地，但是土地的最终所有权却在至高者 神的主权之下。"主权"国家对自己和土地没有最终的决定

权。在神的眼中，"国家如同个人"。国家同样会对自己的人民犯下罪行，也会对他国人民犯下罪行。国家和民族会有优点，也会有缺点；会有好行为，也会有犯罪之举；正是国家、民族自身的行为选择，影响了至高者 神对待他们的方式。而各国的道德地位是地缘政治影响力的来源。

以色列人，特别是居住在圣地的以色列人，既有坚定信仰的，也有世俗的，他们之间同样也存在着摩擦。并不是所有的以色列人都严格遵守所有的诫命与律法；而以色列社会在这两方面都需要精神上的更新：一是土地，另一是统一。然而，以色列人作为一个整体，尤其是现在生活在圣地的犹太人中的绝大多数，代表着西奈传统以来的法律和传承。这是他们最终的价值所在，也是他们安全的最终保障。

以色列受到敌视或冷漠的对待正是因为世界文化中缺乏诺亚律法的原则和基础。在伊斯兰世界内部，最激烈反对以色列的，恰好正是那些鼓吹在人与人之间实施不道德暴力的政治运动——尤其是鼓吹杀戮、从事腐败、和对自己同胞的掠夺。这些政治运动是否披着宗教的外衣并不重要。他们的残暴和毫无人性表明他们并不顺服至高者 神和神所制定的律法。这些鼓动暴力的人以所谓"宗教事业"的谎言，掩盖追求个人和政治扩张的邪恶野心。阿卜杜勒·帕拉齐（Abdul Palazzi：他坚决支持以色列的安全和领土完整）是一位著名的穆斯林酋长、教授，他认为伊斯兰目前的这种状况正是试图摆脱律法与诫命的一种病态反应，十分可悲。

反过来，在世俗化的西方，对以色列最激烈的敌视或冷漠则来自其内部因素，他们的立法和社会政策必定与诺亚律法相抵触。这主要与个人领域内的堕落有关：对信仰的诋毁和性道德的堕落。与此相反，许多基督教团体有一种强烈的冲动，想要恢复西方社会的个人道德准则，而这些团体则恰恰是最支持以色列的。

根据拿赫曼尼德的理论，一个国家是否具有功德，或者一个国家是否兴盛，与这个国家的人民对待以色列的方式有着密切的相关。普世文明最初的传统产生自西奈，特别产生自诺亚律法。这就是为什么人类最终救赎的愿景与对待以色列的方式有着密切的关系，那些敌视以色列的图谋，最终将遭受来自至高者 神的严惩。因此，针对救赎的来临，迈蒙尼德写道：

当那日来临，以色列将安然与（此前那些纵容邪恶的）列国同住，天下的万国都要回归普世的教导和原则之下，列国之间不再杀戮，不再抢劫，没有暴力，他们却要与以色列和平共处，共享安宁。

"那日"指的就是万国接受至高者 神所颁布的、神圣的诺亚律法，万国在神圣诺亚律法的原则之下；而以色列的有效安全与保障也就意味着诺亚律法在全地的遵行。"列国之间不再杀戮，不再抢劫"，天下的万国和人民都将和平共存于至高者 神的律法之下。这神圣的律法正是诺亚律法。

第 2 部分

普世伦理学的实际操作

第 6 章　简介：文明与西奈

概览

1. 文明与理性

理性的技术层面

　　人类最基本的文明意识是世界的和平共处。人类实现这一目标的独特方式一直以来都是通过理性，而最初的理性就是对自然的培育和利用：人类必须要种庄稼，必须要做衣服，必须要建房屋；自然力必须要引入到生产技术之中。不同于动物在自然界中的生存方式，人类必须设计、计算和管理利用自然的方法。人类并不是通过"超自然力量"或动物性力量来利用自然，而是使用"理性科学"的力量来开发、利用自然。"科学"始于对简单工具的认识，随着"科学"越来越理论化，逐渐地有效应用于人类存在的各个领域。科学不仅应用于人类与自然的接触，同时也应用于人类的心理活动，应用于社会组织，甚至逐渐形成了对艺术和哲学的抽象认知。在所有这些领域内，科学都具有"工具性维度"，因为科学提出了"结论"。随着对人类属性的不断认识，随着对庄稼特性不断加深的理解，社会组织开始有序建立并发挥作用，艺术作品也随之出现。

　　在观察集体或社会化的人类活动中还有一个更为主要的"技术"方面，我们可以在个别的社会文化特征中发现。一个社会具有自身特定的某种"气质"，通过典型的思维方式、带有特色的习惯用语和民族语言以及社会和行政管理的形式体现出来。所有这些特质都与它们所要服务的价值无关，也先于这些价值而存在：而同一种文化也可以表达出最多元的价值观；比如东德（曾经的存在），就在非常短暂的时间内经历了民主社会、法西斯主义、共产主义、再次回归到民主社会的过程。文化气质主要通过思想、语言、习俗等手段表现出来（当然，随着时间的推移，思想、语言、习俗等也在经历着变化），并构成社会历史和道德的基本特征。

理性的道德维度

　　赋予人类管理自然的技术能力来自圣经的教导："要生养众多，遍满全地，治理这地；也要管理海里的鱼、空中的鸟，和地上各样行动的活物"(《创世记》1:28)。这条诫命的给出，具有提升人类道德和灵性的重要精神意义，而技术理性虽然必要，却仍然不能界定"文明"。

　　例如两次世界大战期间的德国，虽然以其历史上最高的技术理性而自豪，但却在纳粹主义的统治下犯下了历史上最严重的罪行。如果没有明确的道德标准，社会的技术进步反而有可能会导致对技术的误用和滥用。无论技术理性的发展水平如何，文明的重要标准都是技术能力所服务的价值观。因此，更加全面的理性概念扩展为世界性的道德和社会技术秩序的概念。这种完全意义上的"遍满全地，治理这地"作为一种神圣的使命和召唤，有一个实质的指导和标准，体现为神圣的价值观形式、道德与社会秩序。永恒的神有着永恒的普世意念，在神的创造中，有着永不改变的道德标准。

神圣的教导

　　是否存在客观、持久的普世价值？假如存在，如何认定并遵行？人们希望通过提问来寻求指导。在人类历史中，我们发现了哪些持续或显著的规范呢？在各种社会挑战中，哪些价值观被证明是最具有持久生命力的？确实，我们可以在文化上发现那些伟大的宗教之间所具有的某些共同基础。同时，无论如何，历史的记录不一定会成为道德的推荐与参考，毕竟我们经历了许多漫长的、可怕的道德黑暗时期。但是，共同而持久的历史经历和价值观却能引起人类的共鸣，并指向一个共同的精神之根。普世的价值观以及各自的变化正是生发自这个共同的精神之根。

　　神圣诫命回答了这个问题：神为什么要造人？又为什么要创造世界并赋予人类独有的特性呢？就人类而言，神在创造中形塑了神圣的价值观。我们可以在两个客观目标中发现神圣的价值观所产生的共鸣：神和人类灵魂。圣经告诉我们，神以自己的形象造人，普世的伦理价值或人类共同的精神意识（灵性意识）概念与圣经所提及的人类当行事完全如同至高者 神的概念，有着密切关系。人类共同的精神意识或灵性意识是普世和永恒的，因为来自独一的、创造万有的神。至圣者 神将自己独有的神圣属性内嵌并复制在人类的灵魂之中。神圣的属性为神圣路径，转化为人类具体的行为规范，这些具体的行为规范就是诺亚律法。当人们寻求神，遵循神的诫命时，他的人格特征（情感和精神）即得以提升，超越并脱离个人的偏见和兴趣，至此，人类共同的精神意识即被显明。但是传统的教育和培训也必不可少，毕竟传统也清晰地体现了神圣的价值观存在。

　　这些神圣的诫命或价值观也可以冠以"理性"的标题，因为它们（指诫命或价值观）为人类创造并定义了什么才是真正的理性！这个概念由圣经传统最伟大的编撰之一拉班做出了如此的表述：诺亚律法具有理性的特质——含有智慧的启示——人们从至高者 神的启示中可以得到同样的领受（拉班：Beginning of chapter 9 of Hilchos M' lochim）也就是说，真正的理性规范来自至高者 神的教导。诺亚律法有着重要的含义，具有真正的理性，为至高者 神所亲自颁布。诺亚律法中所蕴含的理性原则适用于对私人行为的指导（人与神的关系），也适用于对公共行为的指导（人与人的关系），更适用于对人类与自然界的关系指导。

　　因此，虽然人类被赋予了灵魂——灵魂作为神圣的感受器，但人类并不能凭借自我的力量去发现神圣法则的结构和细节。人们接受诺亚律法，必须来自神的亲自启示和带领。诺亚律法在历史上的传播和解释直接来自西奈传统，人类灵魂主要的功能和作用就在于接受诺亚律法，与诺亚律法产生共鸣，从而确认律法的神圣并遵行律法，通过对历史传统的学习和掌握，回到西奈的起源。

　　传统和社会虽然在其实体法和习俗方面存在着相当大的差异，但都具有内在的价值，只要没有违背共同和普世的道德基础，并合乎神圣的诫命也就是诺亚律法的原则，这些内在的价值都将继续得以传承。人类存在着差异这也是事实，但不可以差异性为辩护理由，需要辨别和定义清楚的是：人类具有共同的基础，这共同的基础体现在最初的神—人之约中，就是至高者 神与人类的最初之约：诺亚律法！之后，诺亚律法在西奈再次予以确认。正是由至高者 神在西奈对律法的再次授予并赋予了明确的形式和权威，诺亚律法才广为人知。但在西奈传统确立之前，诺亚律法早就已经赋予人类。

2. 西奈和理性

西奈山的显明

　　3300 年之前的西奈山，以色列全民接受了至高者 神所恩赐的诫命与律法。无论从灵性还是历史角度来看，神之律法和诫命都是神圣的传承，是"庄重而至大的宣告"，这是对全人类的宣告（并代代相传）。律法和诫命（十诫）是启示的核心，在摩西五书中有着详尽的论述和解释。摩西五书中共有 620 条律法与诫命的详细解释，其中 613 条交付给了以色列民族，而另外的 7 条交付给了全人类，这 7 条律法与诫命就是著名的诺亚律法。十诫与整个律法启示的关系是：十诫是整个律法的核心，是希伯来圣经的象征，包含了 620 条诫命条款。十诫既是犹太诫命的基础，同时也是诺亚律法的基础。

　　人类道德和普世价值的显明，远在西奈之前就已经交付给了人类。在亚当和夏娃受造之时，神即已经将律法和诫命交付给人类，神圣的律法和诫命是和谐的显明，律法使世界得以完美，这些律法和诫命后来正式定名为诺亚律法（神当初将六条诫命交付亚当）。从亚当以后的第十代人，尽都被洪水所灭绝，只有诺亚得以保存。洪水之后，神又将 7 条律法和诫命交付诺亚，这就是诺亚律法的由来。诺亚律法针对全人类，目前的人类都是诺亚的后裔（诺亚之后最初出现的 70 国以及其他民族的衍生）。诺亚律法施行了整整十代人，直到亚伯拉罕。而亚伯拉罕则是世界主要文明的出发点和源头：犹太信仰、基督教、伊斯兰教等，均出自亚伯拉罕传承。亚伯拉罕的教导和传承通过儿子们逐渐向东方传播，亚伯拉罕的传承不但对印度教的建立产生了巨大影响，也对佛教的创立产生了影响。虽然世界宗教、文化具有多元性，但其中都含有亚伯拉罕教导的元素和要义，可以说：亚伯拉罕的教导积淀在全人类的集体无意识之中。

　　在西奈山，至高者 神再次重申诺亚律法，这是"庄重而至大的宣告"。首先：西奈宣告包含了诺亚律法，确定了诺亚律法直到如今的权威形式和定义。其次：对诺亚律法的遵行必将使世界更加完美与和谐。当至高者 神在西奈山将诺亚律法通过摩西交付全人类之后，完全遵行诺亚律法就成了全人类的责任和义务。

　　至高者 神在西奈山对诫命与律法的界定和重申，不仅是通过摩西对全人类发出的预言，更是至高者 神的亲自显明和临在。正如神永不改变，神的律法也永不改变（包括在西奈山颁布的诺亚律法）。既不可在律法和诫命中增加什么，也不可在律法和诫命中减少什么，这是律法与诫命的原则。传统可以随着自身的习俗和实践而发展，但这些习俗和实践将不得与律法和诫命相冲突（正如上面所提及的那样），或许在未来可能会对传统习俗和实践有更加严格的要求、限制和标准，但是，包含在诺亚律法中的神圣诫命与律法的灵性概念和原则已经在西奈山给出，这些神圣的律法与诫命的概念和原则永不改变。

庄严的西奈宣告在人类历史上回响，这是对全人类的宣告！那时，以色列全民在西奈山脚下，在至高者 神的临在中接受了这神圣的律法和诫命。摩西将整个律法教导给了以色列民，这就是律法（Torah）的来源。律法包括详细的注释，这就是"口传妥拉"（所谓口传是指具体的解释，这些解释最初没有文本列出），口传妥拉包括所有的注释以及实际操作的细节注释。摩西将律法和口传律法交付给了以色列民，而以色列民的使命就是将律法代代传承，教导全人类认识神、敬畏神、爱神并守神的诫命；具体就是教导全人类遵行诺亚律法。正如先知以赛亚所言，以色列必做"世界的光"（以赛亚书 49:6），这是人类历史记忆的一部分。诺亚律法的宣告来自西奈，世界其他民族中的一些伟大人物同样也领受了神圣的宣告，并将神圣的律法和诫命传承至今。

诺亚律法和理性的显明

在 620-613 律法细则中，以色列人增加了 7 条普世律法——诺亚律法的诫命，从而组成了 620 律法体系，实质性的细则注释则是整个律法的组成：620 律法体系是神之意愿！律法细则中的道德要求是造物主神圣意志的体现。律法的细则要求就是：人类有神之形象，因此必须按着神的形象，执行神的意愿，在对与错之间实行仲裁。不可黑白颠倒，以错为正，以正为错。比如律法的理性规定：不可谋杀，以及其他许多的律法边界：冷血地谋杀无辜人是罪，那么，流产、安乐死、自我防卫等是否涉及对律法的违背？道德的边界和范围不是由自发的理性来规定的，而是由律法和诫命的细则来判断。

这就是神之意志！神的意志体现在 620 律法的"理性"和"灵性"之中。"理性"并非起源于人类的智力，而是来自神的恩赐以及人类对诫命的理解（比如不可偷盗，不可谋杀）。"灵性"是不能为理性所理解的部分（比如以色列人不可穿亚麻与羊毛混纺的衣服）。在以色列人的诫命与律法中，灵性的诫命或多或少都有着理性的成分。即便在那些看似理性的诫命与律法条文中，也可能会出现"随机"的灵性（从理性的角度看）。灵性的细则同样也体现在诫命与律法中，并有着对灵性的合理解释。

通常来说，诺亚律法的本质应属于理性的和内在的律法，具有完全的可操作性，为实现世界的和谐提供了理论基础和实践基础。诺亚律法的细则展示了理性的维度，而以色列所持有的诫命则包含了灵性和超凡的维度。诺亚律法虽然特别给出 7 条理性诫命，但也涉及并包含了西奈启示中其他理性部分（我们将会对此做出解释）。诺亚律法的施行也必将使人类社会进步到一个更加精炼的理性高度。同时在诺亚律法的基础上，使社会整体道德水准得以大幅提升至新的高度。

诺亚律法共含有三大部分：（1）诺亚律法如同摩西五书中的其他律法条款和传统注释，可以施行于全人类，为全人类设立道德标准；（2）诺亚律法中其他部分的理性（不同于灵性，圣经中的其他话语）来自圣经中的话语或来自传统，比如来自西奈显明或西奈传统；（3）律法，最初对人类而言是非强制性的，但被社会所采用，并得到社会大众对律法的认可，而诺亚律法则是建立社会秩序的必要基础。诺亚律法的遵行极大地提升了全社会的理性和道德标准。

3. 诺亚律法

诺亚律法的七条总纲

613 律法条款和诺亚律法条款之间有很大的差别，613 律法由以色列人遵行，具体将在后面解释。613 律法交付给以色列人，但含有特别的部分诫命。例如，诺亚律法禁止偷窃，而 613 律法对偷窃行为延展化，禁止偷窃的内涵和外延都有了扩大。在诺亚律法的基础上，增加了许多相关的条款，并在西奈交付给了以色列民，这些律法条款是专属性的，与诺亚律法有相似之处，也有不同之处。如果有相似之处，其本质是什么？针对西奈启示，有两种传统的注释可以回答上述问题。

第一种观点认为，诺亚律法有着独特的细则规定，与 613 律法有着显著的差别（Rabbi Menachen M.Scheerson in *Igos Kodesh*），但是又相互交叉、重叠。两部律法之间有着众多的诫命，双方无需合并为一部。比如针对偷窃，诺亚律法有自己特殊的规定范围，有些行为归入律法的范围，有些行为不归入律法范围。这与交付以色列的诫命略有不同。如同诺亚律法的其他原则条款，有着自己的范畴、内涵和外延。

第二种观点认为，诺亚律法为标准律法。诺亚律法的变形，通常指诺亚律法内的全部细节，构成了 613 律法与诫命，并交付给了以色列民。第一种观点认为，诺亚律法的条款较少，标准设置较低。第二种观点认为，在诺亚律法中原则要求较多，而且标准设置很高。虽然这两种观点的立论不同，但都一致认为，诺亚的后裔们只要遵行诺亚律法，必能在灵性和道德上有极大的提升。

两种观点之间的不同之处在于：诺亚律法的具体条款是否都是单一性条款。尽管定义宽泛，但诫命与律法的条款无论是否包含在 613 律法中（613 律法为标准诺亚律法的变形），都可以通过思考有关偷窃的律法细则来观察。根据第一种观点，偷窃定义为，未经所有权人的同意而占有他人合法财产。在此定义之下，绑架、抢劫、未经他人同意私自隐秘占有他人财产、克扣他人工资、从工作场所私自拿公物等都可以归类为偷窃项下。而以色列诫命在此基础之上还有更多的涵盖和更为具体的细节。但是，有关针对偷窃的内涵与外延的认定，都具有限制性的共同性因素：未经他人同意，直接拿走他人物品者，认定为偷窃。

当然，有关偷窃的定义未包含对各种损害的赔偿责任认定。在以色列的律法与诫命中，对赔偿有着详细的规定，比如一个人的牲畜给另一个人的牲畜造成伤害后的补偿。虽然牲畜造成的损害并不是一个人对另一个人的财产直接剥夺，但依然属于疏于看守，可认定为共同失误。

有关偷窃的概念也未包含垂涎或贪恋邻居的财产：毕竟动机没有归类在偷窃项下，因为没有实际发生。当然动机是实际行为的前导，动机会导致犯罪。同样，收取利息也不在禁止之列，即便借方会额外支付一定比率的费用，但属于借贷双方之间的自愿行为。另外，律法不禁止在商品交易过程中可能会增加的运费和损耗部分，这主要由商品交换过程中的供求机制来实现，这些实际发生的额外费用，不作偷窃认定。

第二种观点认为，在诺亚律法中，所有的禁止性诫命可以归类在"民法"的范畴之内，而且所有禁止性诫命对全人类都具有约束力，当然也包括犹太人。比如禁止偷窃的诫命，以色列律法也同样包含在诺亚律法的范畴之内，其中损害他人财物可以认定偷窃；但牲畜造成的伤害不被认定为人们相互之间的直接伤害。又例如在商品交易中的运费、损耗等导致的价格上涨，归属于特定的供求环境，不作偷窃认定。但两者的基本原则都是：给他人造成不公平损害的，无论是主动性行为或被动性行为，或者是疏忽大意，都可以在 613 律法以及诺亚律法有关偷窃项下找到准确的定义和判定依据。而第一种观点的定义较为狭义，比如未经他人同意使用他人物品也可认定为偷窃。

两种观点之间的第二个不同是，第一种观点将律法限制在禁止性诫命的范畴内。第二种观点认为律法所有的条款均为禁止性诫命（不包括明确晓谕以色列民的），以防违背诺亚律法的基本原则。在"禁止不道德性关系"的项下，第一种观点有着特定的内涵和外延；但第二种观点的规定就比较宽泛（同时包含613律法中的其他禁止性条款），根据诺亚律法的原则，虽然没有直接的性接触，但其他某些亲密行为也归类于不道德性关系项下（除非确定不会因亲密接触而发生不道德性关系）。

另外针对"不可偷窃"，第一种观点仅针对实际发生的行为，而第二种观点涵盖了禁止偷窃的思想动机，禁止贪恋他人财产，同样来自613律法。在诺亚律法中，对动机有严格的限定，因为动机导致行为。第一种观点所提出的某些告诫或预防性措施，没有体现在诺亚律法之内。

第三种观点与前两种不同，认为613律法适用于诺亚律法。在社区生活中，以色列人持守613律法，那么同一社区中的非犹太人是否也持守613律法呢？假如613律法来自诺亚律法的原则和律法的基本精神，那么根据第二种观点："要爱你的邻舍"，非以色列人也应该持守613律法；而第一种观点认为，虽然只有以色列人才应该持守613律法，但并不排除对任何社区中的其他人（无论是犹太人还是非犹太人）的关心，而对自己所在社区，则应该有额外的关心。

诺亚律法的总纲，基本属于禁止性诫命，其中大量的细节解释来自圣经中的不同章节，特别是来自口传妥拉的解释。比如诺亚律法中的主动性诫命："仁慈和善良"，即属于全人类的责任，其他诺亚律法中有关仁慈和善良的条款，我们将在随后展开解释。

建立在理性原则之上的诺亚律法细则

　　理性（诺亚律法的神圣的结构和定义）是诺亚律法的基本精神，诺亚律法的普及和遵行必将使全世界和谐美满。假如人类能够持守全部的西奈传统，合乎这一理想，并成为诺亚律法的一部分，也就是说，我们的行为将被记录下来，并被作为理性呈现出来。而对未能遵行诺亚律法的惩罚，也有例可证：那时的人在地上罪恶很大，终日所思尽都是恶。拉班也曾对雅各说："你为什么偷偷地走呢？"在这里，传统表明：一种特定的行为方式是被期待的。同时，粗野、背离传统的诚实是诺亚律法所禁止的。另外，尊敬父母也是圣经的教导。

　　对诺亚律法的认知有两种不同的观点，认为律法的传统展示了理性的存在（不同于超越理性或超越责任），是 613 诫命的基础和组成部分，那么，诺亚律法的整体理性特征会使律法的细则成为义务吗？

　　根据第一种观点，除了诺亚律法整体的理性之外，律法的其他方面似乎都是禁止性的，虽然以色列的律法与诫命不同于诺亚律法，但也不可违背诺亚律法。因此按照第一种观点，"仁慈与良善"是 613 律法的组成部分之一，但诺亚律法并未提及，因为诺亚律法具有完全的理性特征。在圣经中，针对那些冷酷、毫无同情心的人，有大量的针砭和警诫，也就是说，人不能丧失怜悯之心，不能冷酷无情，不能对他人的苦难无动于衷。但是在诺亚律法中，也没有特定的义务和责任去执行 613 诫命中的仁慈和良善（指慈善：charity）。这有些类似法官的各种行为方式体现出一种异乎寻常的公正，超越了 613 的律法与诫命。诺亚律法并没有要求人类去满足所有的 613 律法与诫命，只要不颠倒黑白、贪腐腐败如同索多玛法官那样，就已经足够了。

　　按照第二种观点的认知，在 613 律法中，所有社会理性交往中的相关人际关系的诫命与律法都包含在诺亚律法所规定的"维护公民社会"

的条款中（即建立公正的司法系统）。无论613中相关的律法条款是否包含在诺亚律法的"不可偷窃、不可损害他人财产"或者"建立公正的司法系统"的条款之内，人都有责任遵行这些律法原则，而且诺亚律法的细节似乎也是强制性的。但唯一的例外是，传统明确地将诺亚律法从613律法的某些细节中区分出来。

在613律法的规定中，人与至高者 神的关系（与诺亚律法没有重叠）有着直接理性的一面，对人类行为有着明确的约束。因此，根据第一种观点，613律法中的某些细节同样也是禁止性诫命，如同理性的人际交往法则，这与第二种观点一致。这方面的例子是关于对祷告的认识，理性遵循造物主的意念，至高者 神创造万有，维系万有的存在、满足万有的需要，因此，我们应该明白：当向谁寻求恩赐和帮助。另外，律法不是规定我们何时如何祷告，而是警醒我们，不应该忽视祷告（这是留给团体和个人的实践）。

4. 社会进步与提升

理性标准的提升

理性的概念来自神圣的教导，神圣的教导使我们所居住的世界更加和谐美满，并为我们的发展指明方向。在神圣教导的理性原则之下，我们的世界必将越来越和谐美满与优雅。我们可以通过很多方法实现理想的社会：从诺亚律法的第一原则出发，这是诺亚律法的基本原则和基本精神，我们来到诺亚律法的第二原则（包含更多的原则）；通过遵行西奈启示的613律法与诫命（无论是部分还是全部），在一定的时候，必能获得美好的结果；当然通过遵行并强化诺亚律法的方法也必将实现理想社会。下面我们阐述理性标准的提升，理性标准的提升将超越诺亚律法的基本原则和基本精神。

首先，为了培养自我更新，社会政策的制定和施行必须在诺亚律法的基本原则之上有一个跃升，也就是说，要限制人类欲望的原始满足。根据圣经的解释，人类社会的退化（指道德的崩坏）导致了大洪水对人类的灭绝。例如，作为回应，国家将国民的性行为限制在许可的范围内（例如，不鼓励婚前性行为），以使国民的行为不涉及对诺亚律法基本原则的违背，并通过某些惩罚性措施，以确保不违背禁止性诫命。

同时对某些有害的习惯和嗜好也有相应的抑制性政策。这些限制性的政策或许不利于个人愿望的满足或社会和谐，但却必须明确得到执行。

理性提升的第二条标准是道德进步。全社会采取必要的措施，以表达对他人的帮助、关心、爱护。这是整体道德价值的展现，是理性提升过程中的全社会立法；也使个人可以承担自己的责任、战胜自我。这是超出通常预期的，或合理的职责之外的提升。这些立法的基础在西奈诫命的其他条款之内，例如，无论时间过去多久，都要尽量归还他人失物，或者有责任照顾他人的牲畜。这些都意味着以某种方式对律法的部分或全部的修订，而使人的道德得以大幅度提升。

在 613 律法与诫命中，许多律法条款都是普世的、超越国家民族的，有着理性的维度（也有着更大的提升）。比如，不许可在审理死刑案件中使用间接证据，因为间接证据无人目睹，只是某种推测，缺乏直接的证词。因此间接证据将不予采信。另外违背正常市场规律的恶意低价竞争同样也是对他人的人身和财产侵害，属于禁止之列。同时，在以色列律法中，自证其罪也同样不被采信，因为人可能想要自杀，而导致虚假坦白。这些律法的原则都是超越国家与民族的。总的来说，律法与诫命禁止自我定罪，也不采信间接证据。在诺亚律法中，虽然对此没有强制性的原则要求，但必须得到严格执行，不可妄判、不可草菅人命。文明国家的社会秩序建立在高道德标准之上，在定罪的审理中必定要十分谨慎，我们将详述如下。

其他的 613 律法，虽然同样也具有更为彻底的超国家、超民族特性（比如洁净与不洁净的区分，以色列地出产的十分之一奉献以及归于圣殿的圣物等），与诺亚律法的关联性更少，但人们仍然想要采用这些律法条款。某些特定的律法条款仅针对以色列人，比如拿细耳人（Status of Nazirite：不可用剃刀剃头，不可喝清酒浓酒，不可触摸尸体等）。假如非以色列人遵守拿细耳人的一切规定，也不会因此而成为以色列人。以上所言特别针对以色列人的律法条文，虽然外人不可行，却对全人类都具有重大意义，而且圣殿被称为"万民祷告的殿"，为天下万国提供保护和帮助。

在 613 律法与诫命中，某些特定的律法条款不针对非以色列人，非以色列人也不可执行这些律法条款。而以色列人则在遵守安息日的情况下，通过停止特定的工作，持守这些律法与诫命并代代传承。在针对律法（Torah）的抽象研究方面，同样也是如此（非以色列人不可探究律法，探究的责任在以色列人）。同时，以色列律法与诫命都具有理性维度和内在精神维度的两个方面，与人类命运息息相关。遵守安息日与诺亚律法相关，因为安息日是对世界的受造和造物主存在的感恩与纪念，但无需停止特定的工作。研究律法的相关部分同样也是如此，乃是为了能更好地履行诺亚律法（以及其他的律法部分）。

除此之外，人们可以按着自己的愿望遵行律法的其他各项诫命与律法细则，遵行 613 律法的其他条款是一种美德（虽然并非强制），无论在哪里，这些美德明确地与传统和更加高尚的品格相联系。

诫命和律法与特别的神圣和个人预备相连结。比如以色列人：单独持守律法对他们是适宜的，以色列人书写门柱经卷（Mezurah）、佩戴护经匣（Tefillin）、抄写律法经卷等。

另外，有些诫命与律法明确地与以色列人的基本身份有关，比如穿有襚子的衣服（Tzitzis）、在逾越节（Passover）吃无酵饼（Matzo）或者在住棚节（Sukkot）准备四样植物等，这些都是以色列人所特有的诫命。这并不意味着其他人不可以过以色列的节日，非以色列人可以过以色列的节日，但不可操作节日所特定的各样的仪式（无论是在节日内单独操作这些仪式，还是在平时模仿这些仪式）。对非以色列人而言，复制或模仿这些特定的节日仪式都是不适宜的，这些仪式只能由以色列人来执行，这是他们在这世界中的神圣侍奉。

从诺亚律法的观点来看，当人们从事某种非强制性实践活动时，不可将该种实践活动当作神圣的使命来执行，因为这等同于创立新宗教，且不同于诺亚律法的神圣教导；诺亚律法是普世而永恒的律法，由至高者 神在西奈亲自交付摩西、并由摩西交付全人类。

理性状态的提升

有许多因素和条件，可以在诺亚律法的执行中，考虑采用某些附加的原则要求，以便使执行诺亚律法的力度更为严格。首先，附加的原则要求不得与诺亚律法的基本原则相冲突。在先祖雅各的时代（雅各生活在西奈传统之前，以诺亚律法的原则约束自己）雅各先知性地预见到律法与诫命将要在西奈交付以色列人。当然雅各自己就遵行诺亚律法。但唯一的禁止性诫命就是不可以既娶姐姐，又娶妹妹（在一夫多妻的时代，这是许可的）。但雅各则娶了俩姐妹，这是因为雅各首先发愿要娶拉结，而拉结是利亚的妹妹。当雅各发现自己被骗，娶了拉结的姐姐利亚之后，他依然持守自己的承诺，最终娶了拉结（雅各持守了诫命与律法，那是在西奈传统之前，他不为自己娶俩姐妹的行为承担责任），虽然雅各违背了诺亚律法的原则，但他持守了自己的承诺。

其次，诺亚律法的重点是关注人类世界的和谐与圆满，在诺亚律法基本原则之上的进一步严格执行力度，必须要考虑到社会稳定。例如，在死刑案件的审理中，虽然诺亚律法的基本原则并不完全排除间接证据的采信，但是，如上所述，为了社会秩序的稳定，依然需要依靠环境证据来定罪和控制犯罪行为的发生。因此，只有当社会在更高、更稳定的水平上运行时，才能对间接证据有更多的限制和追索、对间接证据有更为严格的客观性标准，尤其是在重案审理中，更要有慎重、严谨的态度。

对其他案件的裁决同样也要求慎重而严谨。诺亚律法为基本法，是整个社会结构的基础，适用于对死刑案件的裁决，尤其是当全社会因普遍无视律法的存在而面临崩溃的危险之际，对诺亚律法的执行更要严格；当社会在较高水平上运行时，对诺亚律法的执行，无需施加最大的惩罚力度，但要有足够的律法威严，以阻止因可能出现的违法犯罪而引起的社会不安。

针对诺亚律法的实际运用，有两种基本观点：简约主义（minimalist）和最高纲领主义（maximalist），这两种观点都与社会需要紧密相连，因此，诺亚律法的实际应用有着不同的层次与概念，是对上述两种基本观点的高度综合。通常而言，认为诺亚律法为基本法的，属于第一种观点，但根据社会秩序的发展需要，可以采取全部或部分第二种观点，毕竟有些社会的发展处在不同的律法领域之内。

再次，最后需要考虑的是，当社会采用新的标准而达到较高的水平时，有可能会出现某种复辟，而重回到之前的低级阶段。按照圣经的教导，以色列人是否可以遵行诺亚律法，对此存在着争论（除非希望解除限制的法院与颁布限制的法院在地位上平等）。一种观点认为应该遵守，另一种观点认为不可遵守。根据后一种观点，承担更高更新的责任与义务的社会，不可改变其标准。例如捡到失物之后，应按照特定程序寻找失主。社会也不应该放弃所取得的、尊重他人的、新的、更高的社会文明的成就。然而，一个社会可以放弃附加的已通过的规范同样与第一种观点存在着一致性；这些都是有关律法领域内的基本观点。正如上述所言，有着较高道德标准的社会，在案件审理过程中，需要最严格的定罪证据。但在社会秩序面临崩溃之际，则需要更为基本、更为有效的定罪条件，否则有可能会出现毫无必要的宽大处理（指不公正司法审理，司法审理中的受贿等）。

诺亚律法的遵行

诺亚律法的全部细则（包括 7 大原则和总纲以及其他来自圣经和传统的教导，在更广泛的启示中具有理性和约束力的、适用于全人类的律法与诫命）在 7 大原则和总纲的框架之下，得到了完整的阐述。诺亚律法适用于人类生活的全部领域，布拉格的拉比玛哈拉（Maharal of Prague）在他的著作《诺亚律法》的第三章中有着详尽的解释。

正如本书第一部分所论述的，有多种途径和观点存在，通过这些途径和观点，人们可以在概念上理解诺亚律法。在本书第二部分，将要对诺亚律法的实际应用与操作展开阐述。首先将从诺亚律法在个人维度方面的应用开始：也就是说，在人与神之间关系方面，即个人的道德建构方面开始。在此，我们将论述诺亚律法的第一原则：坚信至高者 神！这是神圣的、整部诺亚律法的总纲和基础。接着是敬畏至高者 神的训诫；然后是人类所应具有的性道德，也在道德上定义了人类的身份。之后是诺亚律法对人际关系的界定：组织与个体之间的关系，组织、个体与人类社会之间的关系：追求公义、禁止杀戮、禁止偷窃、禁止损害他人财物。我们将会对上述主题展开详细论述，而个人或社会对待自然的方式也同样如此。

　　在诺亚律法的每一条原则之下，我们将以"简约主义"的观点、在遵循西奈传统的前提下论述基本原则，同时以"最高纲领主义"的观点讲解诺亚律法的实际应用。

第 7 章　坚信至高者 神

概览

1. 前言

 我们道德与价值观的基础就是：效法至高者 神

自我提升：聚焦于神

2. 认识至高者 神的知识

独一的、创造万有的主

神和创造

神的统一与完整

"伙伴"

偶像崇拜

偶像崇拜及其相关形式

3. 信仰的原则

创造

显明

救赎

1. 前言

我们道德与价值观的基础就是：效法至高者　神

　　诺亚律法禁止拜偶像，在此，我们将深入而广泛地讨论"坚信至高者　神"。这是因为诺亚律法严格禁止偶像崇拜，而我们则将积极、主动地讨论坚信至高者　神。在任何情况下，道德上的约束与诫命都与对神的取向，即信仰有关。

　　信仰的道德义务所具有的重要性是什么？又该如何理解这种重要性？在世界主要宗教中，伦理与哲学的首要原则被视为一种知识，一种卓越的价值观，这是人类智力本身对价值观的接受。因此，这种价值观不存在超越理性、先于理性和告知理性的启示等概念问题。而现代世俗思想更难认可它的首要原则 -- 也就是外在的理性。世俗思想特别推崇所谓自给自足的理由。也就是说，人类有"器官迷思"的倾向（或者说是器官崇拜），有些传统宗教的信徒公开宣称可以运用灵魂或灵性的精神力量。

　　在诺亚律法中，他人所谓的"器官迷思"，即人类的灵魂乃是内在的至高者　神的镜像，因此圣经说，人具有神的形象，神以自己的形象造人。人体结构纷繁复杂，主要有灵魂、智力和身体构成，而灵魂又是人的主要构成。维克多·法兰克说，灵魂以智力和身体处理人们在生活中所面临的任务与挑战。

　　对灵魂而言，智力和身体或许是难以驾驭的工具。痛苦激情或困境可以威胁并事实上压倒灵魂所拥有的主权（通常也称之为意识），但智力或理性在本质上是次于灵魂的。理性工作的首要原则，是从自身以外获得原则。既然灵魂在人的内在层次中占有真正的地位，那么，提供这些首要原则的就应该是灵魂。而较低的身体情感和本能就不应该在引导行为上篡夺灵魂的这一功能。当身体情感和本能占据首要地位的时候，单纯的性情和条件（情感的、心理的激情或物质兴趣）就提供了首要原则。这就是由智力发展而出的世界观。

对"纯粹理性"而言，它的首要原则来自自身之外，是对诚实和谦逊的一种测试。当理性意识到它的首要原则来自外界时，就有了确定（和调整）这些价值来源的问题。假如不是在灵魂之内，诚实的世俗理性就必须从别处找到它的首要原则，并证明这些首要原则。在如此诚实和谦逊的时刻，当代世俗思想界的核心人物对此表示认可。尤尔根·哈贝马斯（Jugen Habermas: 德国当代最重要的哲学家之一）写道：

理性和启示的哲学论述的出发点，是一个反复出现的概念：即当理性反思其最深层的基础时，它会发现其自身的起源来自别的东西。

哈贝马斯崇尚自由民主的宪法模式，构建理性的话语，认为在自由民主的前提之下，个人仅仅依靠自身的智力，就可能在涉及共同利益的价值观上达成共识。哈贝马斯承认这是一种模式，并将这种模式称为程序主义，程序主义本身就基于一种信念（终极坚持）：

程序主义理解宪法国家……坚持……宪法的基本原则有一个自由的正当理由，即所有公民都可以理性地接受这个正当理由所提出的要求。

这是对第一原则的信仰：由世俗自由—民主宪法所确立的理性阐述。这也是信仰的一部分，从这里可以看出，无论社会的理性话语提出什么样的政策，都是合理的。但基本信仰所产生的特定伦理与基本信仰之间所存在的必然联系，给哈贝马斯的基本原则带来了危机。当代社会以公民话语权为基础，并未能就真正激励公民的价值观达成共识（团结），这使他感到苦恼。哈贝马斯承认宗教的作用，也就是说，哈贝马斯承认宗教是价值观的来源："……认真对待滋养了公民规范意识和团结意识的所有文化来源（包括宗教），符合宪法国家的利益"。接着，哈贝马斯又展开并延伸了论述："……公众对宗教信仰的认可是基于宗教对社会所期望的动机和态度的再现所做出的功能性贡献"。哈贝马斯注意到，"理性话语"为世俗的自由民主社会的基础，但是即便不考虑模型本身的结构，也还有需要完善之处：在自由民主的社会，比如瑞典，就颠覆了许多世俗主义者仍然本能地认为是普遍实践的文化价值：禁止乱伦。这个民主制度立法，许可同胞兄妹（同父异母或同母异父）之间的婚姻。从宗教的长远角度来看，没有宗教信仰的民主所产生的价值，在社会上是不可取的。

　　诺亚律法有一条原则，与特定的道德行为相关联。这条原则就是"似神"，行走在至高者 神的旨意中，如此才能具有神圣的特质与属性，这就是诺亚律法的基本原则。诺亚律法所体现的价值观和伦理观具有道德上的制高点与无可争议性，直接来自至高者 神的诫命。

　　哈贝马斯对世俗社会关注的第二点是：价值观达成普遍共识背后的动机。即便价值观在公众的公众话语中被普遍接受，那么这些价值观会在实际操作中具有激励机制吗？成功的宗教和卓越的诺亚律法具有完善的激励机制，因为在遵行律法的过程中能够体验到至高者 神的同在，而且律法的权柄出自至高者 神。人遵行诺亚律法是由于他知道律法和诫命来自至高者 神；同时坚定地站立在至高者 神"所能见""所能听"的面前。这就是为什么诺亚律法与信仰至高者 神有关（禁止偶像崇拜），而且对至高者 神的坚信也是诺亚律法其他原则的基础。如同国王的加冕（接受国王的管治），意味着接受国王的法律。万事在至高者 神的面前都毫无隐藏，在神的面前，没有双重标准。个人的言语轻率必定在道德良心的强光之外。坚信至高者 神是诺亚律法的基础与最高原则，诺亚律法建立的目的就是要使人类"似神"，诺亚律法的权威来自至高者 神。

自我提升：聚焦于神

"似神"并不是要让自己孤立地存在于世界之外，而是让我们通过对诺亚律法的学习和遵行，具有似神的特征（诺亚律法在西奈山被重申，在西奈之前的世代，就有当时的先知们负责律法的传承）。我们将自己融入所接受的传统之中，并确认诺亚律法的道德"形象"与诺亚律法的神圣性产生的共鸣。当人们的意识觉醒的时候，自然就会遵行诺亚律法，也就是说，人类灵性的觉醒和提升将超越自身心理与生理的偏见（理智和身体情感）。不断地意识和体验自己灵魂的主权，是宗教人士的生活实践。

对于那些希望了解个人以外的传统宗教体验和宗教立场的人来说，就需要锻炼自己的灵性能力。世俗思想家如哈贝马斯等对此一开始就产生了误解，他错误地试图"改造"宗教观念，虽然出发点很好，但却对宗教有着非常错误的理解：

……人类具有神的形象，使所有人都具有同等的尊严，这一概念值得无条件的尊重。这超越了一个特定的宗教团体，使圣经的概念为普通大众所理解，既包括那些有其他信仰的人，也包括那些没有信仰的人。

诚然，"人具有神的形象"包含了人人平等、尊严的概念，包含了人类的自由和创造力，这就是"神照着自己的形象造人"。也就是说，"独一真神照着自己的形象造人"，尽管每个人都有着细微的差异——在诺亚律法中将以一种独特的风格和贡献来表达对至高者 神的侍奉——他们都能够与同一套基本神圣规范相关联，而"独立的"智力（个人兴趣和性格）却无法做到这一点。哈贝马斯羡慕宗教团体之间的价值平等以及他们所具有的激励力量。但是哈贝马斯却只能在世俗话语体系下承认宗教信仰，这就在实际上排除了宗教体验，因为他们不承认灵性上的贡献，只认可智力上的成就：

自由主义的政治文化期待世俗的公民在努力将相关的宗教语言转换成大众可以理解的语言的过程中发挥自己的作用。

对哈贝马斯而言，他不承认灵性的力量，只认可理性的共同性，因为他是世俗的哲学家。

……意识到它的不可靠性以及在现代社会既定结构中的脆弱地位，因此，坚持（然而）将世俗话语和依赖于启示真理的宗教话语作区分（这完全不是贬义）。

哈贝马斯渴望宗教的说服力所具有的共识性和运动性力量，但却不允利用灵性能力，而正是这种灵性能力，使所有人都想要利用它。哈贝马斯证明了这一点，因为有些人根本没有信仰，或者借用马克斯·韦伯的话说，宗教"不着调"（不具有敏感性）。由此，哈贝马斯免除了世俗大众追寻灵性以及灵性所具有的感知能力的努力。

事实上，没有"宗教激情"，所有人都能被要求满足的层面就是自我超越的层面。维克多·法兰克所创立的心理疗法称之为存在分析疗法，它鼓励患者寻找生命中自我超越的意义。维克多·法兰克自己具有坚实的信仰背景，但他从没有试图影响患者，因为这在治疗上是不可行的，宗教观点不是由患者自己完全持有，而使被外力强加，这样的做法不利于治疗。假如患者是"无神论者"或者是"不可知论者"，法兰克注意到，在追寻意义的过程中，他或她必将超越自身的心理——物理兴趣，虽然他或她已经具有宗教意识，但还没有到达真正的终点。

在政治上，尽管需要研究和分析，我们仍然可以说：在真正的自我超越的层面上，所有人——无论是否具有宗教背景，都可以进行交流。

正如一个人可能会要求一个世俗主义者运用自我超越心理——物理的潜能，以揭示自己（他或她）的灵性能力，同样的问题也可以向那些有宗教信仰的人询问。这样做的目的是排除那些披着宗教外衣的病态之人。例如，恐怖分子以宗教的名义为杀害无辜者辩护，希特勒士兵的皮带上刻着"上帝与我们同在"，这些都不是真正地认识至高者 神的自我超越。他们没有放弃个人的兴趣和激情，而是把个人激情和物质利益当作宗教世界观来崇拜和改造。他们对宗教的观点是自我超越的对立面，虽然他们口中言说"神"，但他们的意思是，他们自己就是神：他们口中的神就是他们自己的计划和激情的投射。

在诺亚律法坚信至高者 神的原则之下，有些要求看似矛盾：律法的完全或指导看起来似乎是对诚命的接受。事实上，诺亚律法不是吩咐人们去获得信仰的力量，而是吩咐人们去揭示信仰的奥秘，因为至高者 神已经将这能力预设在人的灵性能力之内，也就是说，人的灵性中已经具有这种潜能。有关此点，将在第 2 节中列出，诺亚律法教导我们应该深刻思考，做到与神合一；在第 3 节，我们将详述认识独一真神的知识，并将这知识扩展到与世界有关的维度：创造、启示和救赎。

2. 认识至高者　神的知识

独一的、创造万有的主

诺亚律法的最高原则就是坚信至高者 神、禁止偶像崇拜。但本节的主题并不是要把现有的信仰归类为偶像崇拜或非偶像崇拜，而是要厘清什么是偶像崇拜，以及为什么要禁止偶像崇拜的问题。"官方"的宗教教义以及个别的信徒，无论是否有过串联，都处在重新定义信仰的过程之中。因此，将某一团体及其追随者归类为偶像崇拜或非偶像崇拜，并不总是有用；因为名称的教导或可保留，而教导的内容对个别信徒而言其意义可能已经完全改变。这是一个个体性行为，在他或她的实际信仰和行为指导中，已经自觉地在履行诺亚律法的原则。

至高者 神是真正的价值来源，神的神圣属性转化为这些价值，为了与这些神圣价值产生共鸣，则必须聚焦（效法）于至高者 神、以及神的统一性之上；既要聚焦在至高者 神自身的统一之上，也要聚焦在至高者 神对受造物的管治主权之上。至高者 神的统一性意味着神对受造物主权管治的统一性：假如神的全能并非绝对，那么就会出现在创造过程中的多神观争论。

至高者 神神圣属性的概念：以超乎人们想象的方式进入了诺亚律法的原则之中，诺亚律法与至高者 神自身的统一性并不矛盾。至高者 神的神圣属性，比如"爱""公义""仁慈"等，并非至高者 神的全部，而是神创造万有的工具，神将"爱""公义""仁慈"等特质与创造相连。之所以将"爱""公义""仁慈"等称为至高者 神的神圣属性，是因为神选择这些属性来完成祂的创造。当神使用这些特质时，这些特质就具有了卓越的神圣属性。人类的灵魂是至高者 神的镜像，灵魂同样也被赋予这些神圣的属性，因着我们内在的神圣属性，人才能效法神（与神共鸣）。

至高者 神的神圣属性，同时也是至高者 神的工具，神以这些神圣属性创造万有、指导万有，神圣的属性并非神的本体。因此，我们向神的本体祷告，而不是向神的属性祷告，因为神是独一，在万有之上，神独自决定施行"再创造"——维系万有的存在和更新，并供应各样的需用。神的大能真实而可见，无论是常规的需求比如健康，或者是特殊的需求比如不孕的妇女得以怀孕，甚至是干旱的地区降下丰沛的雨水等。

神和创造

至高者 神与受造物之间的内在联系中，产生了偶像崇拜的可能性。

卓越而无上的至高者 神通过创造中的许多工具运用来传达祂对受造物的影响，这些工具也包括物理宇宙的结构——天体：比如太阳、月亮以及其他的基本元素、自然与化学的力量等。另外，根据传统，还有一些非物质的、神性的影响存在，比如天使。在至高的水平之上，正如我们前面所提及的，神圣的属性如同至高者 神所创造和使用的工具。这些工具作为至高者 神所使用的感化管道的主要力量，无论是物质的还是灵性的，它们本身都不是独立存在的，而是依赖于至高者 神。

当我们沉思于自身与至高者 神之间的联系、以及受造物本身所具有的力量时，针对至高者 神与受造物之间的关系，有三种重要的观点。这三种观点都涉及至高者 神对受造物的管治主权。一种观点的主旨是"与神联结"，其次是"伙伴"，第三就是偶像崇拜。现在我们展开阐述如下。

神的统一与完整

正如我们上面所提到的，在至高者 神与受造物的联系维度中，存在有偶像崇拜的可能性。最为否定偶像崇拜的观点代表了与神联结的最深层的感知，受造物内在的任何力量都无法否定至高者 神所拥有的绝对力量。也就是说，受造物内在的力量，即便是巨大的力量，无论是物理性的、还是精神性的，都只不过是伐木工手中的"斧头"。这种观点认为：虽然自然界为现实的存在，但自然界所具有的鲜活而勃发的生命力量来自神的恩赐，并每时每刻都在至高者 神的引导之下。自然界不同的组成和形式如同"手套"，展现在我们的眼前，对人类而言，这些神圣属性虽然模糊，但为我们精神的升华提供了灵性的工具。

对以色列人而言，有一句非常重要的话语出现在西奈，这句话就是"以色列啊，你要听，至高者 神，我们的神，是独一的神"。这就是说，在自然界的所有多样性中，只有一个超然万物的来源：至高者 神创造万有并维系万有的存在。至高者 神创造万有、管治万有，除祂之外，再无别神。也没有任何其他力量可以作为至高者 神的"伙伴"（将在下一节展开讨论）。

对至高者 神的认识和对偶像崇拜的否定是全人类的责任与义务。

"伙伴"

第二种观点与至高者 神的创造相关联，认为神在创造万有的过程中使用某种力量或伙伴作为神的助手。也就是说，至高者 神虽然被认为是创造万有的终极力量，但也有其他的某些次要性力量在神的创造中起协助性作用，而至高者 神的主权没有被否定，神的主权为全能和终极的创造性力量（包括其他次要性的力量）。但是，伙伴关系的概念不像上面所讨论的至高者 神的统一概念那样具有真实性。这是因为"伙伴"是可以选择的，而万有作为受造物，无论是最大的或最有力量的，它们实际上都没有选择。只有人类，虽然也像其他的受造物一样，每时每刻都被至高者 神所维系、所再造，但人类与其他的受造物不同之处在于：人有自由意志。人类虽然有自由意志但这并不能使他或她以任何方式"逼迫"至高者 神去做任何事，而只能去传导至高者 神的大能。

至高者 神在创造过程中具有"助手"的观点，并没有否定至高者神的终极力量（万神之神）。更为重要的、也是最终的事实是：所有一切的协助或次要力量对至高者 神而言，都是无效的；对此，并非所有人都能知觉。因此，按着诺亚律法的原则，"伙伴"关系的认定并没有违背律法的基本原则。传统上，这可以称之为"天国之名与其他事物的结合"。但是，按着诺亚律法的原则，不允许将这种力量与至高者 神一同敬拜 -- 虽然世界将其当作某种独立性的力量存在，但在诺亚律法中，可以将此种力量与超然的至高者 神相联系。至高者 神在创造过程中有伙伴的认知，或者在宣誓或其他场合言及至高者 神，以及其他的某种"伙伴"性力量，并没有违背诺亚律法的基本原则。但此种许可不得延伸至与至高者 神一同敬拜与侍奉。

偶像崇拜

在至高者 神与创造万有的关系中，偶像崇拜远离了至高者 神的统一性，是被人为创造出来的实体，是对至高者 神的"遗忘"甚至是否定，将人手所造的实体，当作唯一敬拜的对象。偶像崇拜就是把至高者 神所创造的实体，无论是物理性的、还是非物理性的，甚至是灵性的受造物当作神的本体来敬拜。因此，假如人将太阳或月亮视为第一原则，那就是偶像崇拜者。将"人类自主"这样的概念当作终极原则，也同样是偶像崇拜。共产主义的唯物史观及其各样的胡思乱想，更是偶像崇拜：共产主义创造了一个实体物质，并将这个实体物质命名为"绝对真理"。另外泛神论也是偶像崇拜，因为泛神论将创造本身当作绝对的第一原则。而无神论则根植于唯物主义，将被造的万有或物质视为"一切的存在"，这也是偶像崇拜。

其他的偶像崇拜形式（更多地根植于错误，而不是盲目的崇拜）甚至可以承认至高者 神的存在，但认为造物主在完成了自己的创造以后，已经"离开"了祂所创造的万有，造物主和受造物之间再没有任何关系，至高者 神已经抛弃了地球（备注：《以西结书》9:9："神已经离弃这地，祂看不见我们）；或者认为，至高者 神绝对地崇高，对受造物所发生的事不感兴趣，因此将监督受造物的力量内置于受造物的内在之中。这种错误认识来自对《诗篇》113:4 的误解："至高者 神超乎万民之上，祂的荣耀高过诸天"。根据这种错误的认知，受造物内在的力量具有独立性，

而至高者 神不对受造物行使任何统治，任由受造物自生自灭。这也是偶像崇拜的具体表现形式之一，将至高者 神与受造物分离，并把绝对的管治权交付给其他被认为是"授权管理"的力量。

偶像崇拜及其相关形式

有众多的律法条文关注偶像崇拜及其相关的形式。其中包括是否允许从偶像崇拜中牟利，以及应该如何使自己远离偶像崇拜。这些都在诺亚律法中有着严格的规定（具体参考《神圣的印记——律法的细则及其详细解释》），我们在此仅讨论、关注如何坚信至高者 神的统一，"伙伴"以及偶像崇拜的定义。我们社会中的年轻一代，是在对至高者 神信仰的极度无知中长大的，他们对神学范畴的知识所知甚少：创造（神就是造物主）、启示（神显明基本的道德律和其他的真理）、救赎（神始终引导并影响着受造物的前进方向，在合乎普世道德和人类自由意志的基础上施行救赎）。以下针对这一主题展开基本阐述。

3. 信仰的原则

创造

正如上述，造物主只有一位，至高者 神是独一的神，除祂之外，再无别神，神与祂所创造万有保持着密切的联系。对人类来说，想要完全了解至高者 神是不可能的，因为人类（他或她）以及人类所具有的智力仅仅是至高者 神有限的创造。神只有一位，祂创造万有，在万有之上，维系着万有的存在。创造虽然是一次成就，但至高者 神持续不断地维系着万有的存在，体现出至高者 神的全能。受造之物完全不能独立于至高者 神之外、并具有自我生存的能力。正如至高者 神从虚空中创造万有、更新万有，照着至高者 神的意愿，神以自己无限的全能创造并改变着万有的秩序（外在的规则）。

从虚空之中创造出万有，并以无限和超然的能力，持续地维系着万有的存在，从根本上说，是无可类比的。同时至高者 神也在万有的内在工作，也就是说，神以全能的力量在万有内在施行创造，正如前面所述的那样。超然和内在都是至高者 神全能的显现，至高者 神在超然和内在之上，又时刻协调着超然与内在。至高者 神独自维系着万有的存在，又改变和更新着万有的存在。如上所述，我们祈祷的对象不是至高者 神所体现出的任何力量，也不是似神的存在，而是至高者 神的本体。

显明

在本节之内，首先要阐述信仰的第一原则，认识至高者 神。至高者 神向人类传达了道德上的价值观，并以道德价值观指导人类的行为活动，这些价值观是通过预言传承，并由先哲们在传统中对预言所作的评述中加以解释和体现。道德和律法的显明出现在西奈，这就是十诫（如同早先所论述的那样，显明的核心是十诫和诺亚律法）。性道德和律法的完全与详细的显明体现在摩西五书之中，也就是律法书之内。摩西五书称为"书写律法"，由至高者 神在西奈山顶亲自交付给摩西，并对摩西做了详细的解释；而"口传律法"则是对圣经的详细解释，其传承直到如今。我们在前面讲到，早在西奈之前，诺亚律法就已经交付人类，但诺亚律法的最终形式和权威则来自西奈的书写律法和口传律法。假如没有对传统注释的理解，就想要解读诺亚律法或者将衍生的诺亚律法运用于新的环境，那是毫无可能的。

　　摩西和圣经文本的权威与其说建立在摩西个人能力和预言之上，不如说是建立在全体以色列百姓的集体经历上；当时，全体以色列百姓集体站立在西奈山下，亲眼目睹至高者 神与摩西说话，将律法吩咐摩西。之后，更多的先知兴起，它们劝诫以色列人和全人类去实践律法的教导，并详细阐述和教导律法的原则。对律法的解读和释义是不断持续的传统过程，如前所述，不断地阐述西奈启示所显明的所有诫命包括诺亚律法的过程，从未停止，且持续不断。

　　不断持续地阐述诺亚律法的原则，是至高者 神永恒创造和道德标准的一部分。或许人们在持续不断地对诺亚律法的研读中，会发现附加的衡量标准和新的限制性条款，但律法的权威取决于社会对律法原则的接受程度，以及这些原则与西奈启示所具有的一致性。创建新律法或施行新的律法实践是不被许可的，这是诺亚律法在西奈显明的一个重要部分。

救赎

　　至高者 神以两种形式指导着祂所创造的万有：一为万有内在的运行机制；另一为至高者 神所采用的超自然行为（突变机制）。神按着自己的意愿，以这两种方式管理并造化万有。而超自然的指导方式虽然是突变的来源，但也与命运的等级有关，而命运的等级则是人类智慧所无法理解的。对此先知写道："神说：天怎样高过地，照样我的道路高于人的道路；我的意念高于人的意念"。即便至高者 神将选择的意念交给人类，但人类选择的结果仍然在至高者 神最终的控制范围内。命运是眼所不能见的运行机制，虽然在命运或天意的运行过程中有邪恶和苦难的伴随，但其最终的结果依然为美善。那些我们所不能理解的事情，并不能使我们远离对神的坚信，而邪恶的现象也不会动摇我们对至高者 神的信仰。

神圣的命定运行在万有的内在。当然，神圣的命定也运行在人类的内在之中，为人类所应承担的普世道德责任安排了各样的可能与挑战。在任何环境中，人都应该努力"生活"，并对个人和神圣的命定有着清醒的认识。每时每刻，至高者 神创造人类的生活环境，安排人类道德选择的结果。并促使人类以道德和救赎的方式对环境做出回应。

当人类面对挑战时的伦理反应、以及面对生活中出现的各样日常琐事，都应该以所显明的神圣律法和规范来要求自己。任何个人的善行、良言和美好思想都是对世界的更新，如同正在进行的救赎。每个人都应该从事对世界的救赎之工，在弥赛亚的概念中，弥赛亚的来临就是为了实现完全的救赎。完全的救赎将使"似神"的特质从万有的内在显化，弥赛亚来临之后，在未来的世界中，义人将会复活。

创造、启示和救赎是对至高者 神和至高者 神创造万有之意念的认识维度。在诺亚律法的总纲原则之外，在诺亚律法的每一条详细细则中，都有着对至高者 神的侍奉。每一条细则，都通过我们的祷告，与造物主 -- 至高者 神相连接。在显明的层面，人类通过对神所显明的律法（以及律法细则）的研究而与神紧密相连。在救赎的层面，人类应以"悔改"或"归向"至高者 神的心意，持续不断地修复并完善自己的行为。人类具有悔改或归向神的心意本身就推动和加速了救赎的来临。在诺亚律法"敬畏至高者 神"的总纲之下：在创造、显明、救赎三个方面侍奉至高者 神，具体阐述将在下章展开。

第8章　敬畏至高者 神

概览

1．前言

道德行为的动机

　　虽然道德行为的动机与诺亚律法有着密切的关系，但显而易见的是，诺亚律法与至高者 神相关联（其核心就是禁止拜偶像），律法的原则是敬畏至高者 神。敬畏至高者 神是诺亚律法的基础：正如坚信至高者 神是诺亚律法的核心，体现在律法的各项细则之中那样。因此，将对至高者 神的崇敬转化为实践，并在道德行为中建立起完整和坚定的意识基础就至为重要。诺亚律法严禁亵渎神、严禁对神不敬，对此有着明确的禁止范围，与此相对的是，突出了积极主动地侍奉于神的概念。律法的原则要求是等级排列：有着严格规定的，每一条的细则都有着明确的律法解释和出处。

　　诺亚律法评论家写道，亵渎至高者 神（严禁亵渎神！构成了敬畏至高者 神的第一律法原则）是比偶像崇拜更为严重的犯罪。因为偶像崇拜者只是"增加"了一位"神"，而亵渎神则是对至高者 神本体的攻击，亵渎神是一个人虽然认识神，却口出狂言地反叛（诅咒）神。因此，亵渎至高者 神是最为严重的反叛与不敬：亵渎至高者 神的人明知应该敬畏神，但却依然选择反叛神。亵渎神的人虽然"认识神"，却肆无忌惮地反叛神。之所以要亵渎神、反叛神，主要还是出于个人欲望、怨恨和情绪波动（备注：圣经对虽然认识神，却依然亵渎神的记录有许多，例如《创世记》11:1-9；《创世记》13:13；《民数记》22 等）。

　　在尊崇至高者 神的原则之下，严禁亵渎神、反叛神，当要敬畏神。最低的禁止性诫命是：尊崇神的名、在言行举止中敬畏神、尊敬神。这在传统中是确保以神之圣名发誓的严肃性和真实性，假定人以神之圣名

起誓，所起的誓言当要成就，不可妄誓。妄誓就是对神之圣名的不敬和
亵渎。誓言的真实体现在说到做到。

敬畏神同样也体现在写作之中，我们在书写神圣书籍时，其中可能
会写出神之圣名和神圣的教导（即便不含神之圣名），因此在写作中不
可漫不经心，应该严肃：因为我们的写作与神相连。尊敬那些从事神圣
教导的人，例如先知、教授律法的老师、以及伟大的灵性导师，这些都
是圣洁的人，都具有"似神的反射"，有着神圣的形象。

上述所及，均为尊崇至高者 神的具体表现，其他的表现为荣耀神，
或者说不可轻慢神。崇敬神、荣耀神、尊崇神都是"与神连接"。尊崇
神如同尊重父母（神就是人类之父，因为神创造人类）、尊重人类，因
为在人的灵魂中印有"神的形象"。此外，还应该尊重他人的话语（比
如口头交流、许诺、誓言、不得妄称神的名），尊重他人和他人的言语
同样也可体现为尊崇至高者 神。

尊重父母、信守誓言。这些观点虽不是以尊崇至高者 神为基础，
但却有着灵性的指导，以理性为基本义务。同样也包含在律法的原则范
围之内，体现为个人与至高者 神的关系。人的真诚通常只有至高者 神
才能知道，因此只有对神的尊崇，对人的真诚才能有所保证。

对不敬的否定——对亵渎和不敬的禁止体现在：积极主动地侍奉至
高者 神。侍奉至高者 神，激励着人们去遵行并实现所有的律法诫命，
这些激励体现在祷告之中、体现在对诺亚律法的学习之中、体现在悔改
之中。上述行为体现为积极主动地尊崇至高者 神，其他的几项要求分
别是：严禁亵渎至高者 神；尊崇至高者 神；尊重父母、尊重他人、尊重
他人的话语；侍奉至高者 神，时常祷告，学习神圣的教导，悔改。

2. 亵渎至高者　神的外在表现形式和内在含义

亵渎至高者　神的外在表现形式

在传统的圣经注释中，将亵渎至高者 神理解为"诅咒神的名""妄称神的名"等。例如在提到神的时候，无论是在写作神之圣名或神之圣名的其他称呼，以希伯来语发音、以圣经语言出声诅咒神之圣名的，即视为有罪并承担全部罪责。也就是说，无论是诅咒神的本名还是其他的名，以希伯来语书写的神之圣名，其神圣性永在。使用其他的名以取代神之圣名的（严禁以其他的名取代神之圣名，以消除神之圣名的神圣属性），同样属于亵渎至高者 神。无论是以希伯来语还是其他语言，无论其目的是取代神之圣名，或是消除神之圣名的，都认定为亵渎至高者 神。无论在写作或话语中，以任何语言诋毁神的本体或神之圣名的，认定为亵渎至高者 神，即便是轻慢的亵渎，依然可作有罪认定。

亵渎至高者　神的内在含义

在圣经中，亵渎一般理解为"破坏神之圣名"。这一隐喻性表达可以理解为在容器上穿孔，破坏容器的完整与有效，导致容器泄露，从而造成意想不到的破坏。亵渎神之圣名的人认识神，也知道至高者 神为万有存在的基础与源泉，但仍然肆意反叛至高者 神，企图寻求或引导以至高者 神的创造力，以达到与神的计划和神的规范完全相反的结果。至高者 神的名含有神的创造能量，来自神的卓越与无限，有神圣属性的引导，体现在神的其他圣名之中。而亵渎神之圣名的人，试图以"诅咒"的方式破坏神圣的秩序和规范，破坏神圣的属性，以虚假的良善、虚假的公义诱骗他人，使他人堕落。

在圣经的记载中，巴别塔世代的人就是亵渎神之圣名、公然反叛神的罪人（就是被分散的那些人），至高者 神对罪人的回应就是将他们分散到全地，变乱他们的口音。人类建造巴别塔的根本原因是想要反叛神，破坏至高者 神的神圣命定，想要挣脱神的规则与神的管治。那时的人类说着同样的语言——希伯来语，所以他们能使用神之圣名中的力量。他们也为自己起各样的名，试图以各样的名窃取神之圣名的力量，因为神之圣名中有着"与人类合一"的神圣属性；他们通过对"与人合一"的破坏，使人类不再联合起来接受神的主权与管治，甚至试图利用神圣的力量来满足自己的私欲。至高者 神对人类的惩罚是以多种不同的语言，变乱他们的口音，从此使他们失去神圣语言所具有的力量，也不能将这种神圣的力量用于邪恶的目的，又将他们分散至全地。

亵渎是对至高者 神的反叛，在灵性上可以做一个类比：类似于基因工程中的混杂（杂交），虽然基因混杂技术本身不涉及亵渎（译注：译者的理解是：是否认定为反叛，主要看动机，假如其本意虽非反叛，但造成的实际结果为反叛，仍然可认定为反叛）。诺亚律法严禁亵渎至高者 神、严禁反叛至高者 神；严禁从事任何基因混杂，因为不同类的基因混杂生物改变了至高者 神所原创的物种秩序。

3. 敬畏至高者　神

敬畏至高者　神的名

有关亵渎的具体形式，已经在上一节讲过，是否属于亵渎？对此有着严格的界定，不能扩大化；概念的扩大化违背了敬畏神这一独特而又严肃的原则。

妄称神的名，首先体现在不严肃地使用神的圣名虚假发誓，这是第一种类型；如前所述，在誓言中提及神之圣名，就是肯定了誓言内容的真实和誓言的严肃，体现出至高者 神的真实；因此，说假话、虚言的目的或结果就是对至高者 神的蔑视。严禁妄发誓言（比如，发誓说，这把椅子就是椅子），乱发誓言（比如，这把椅子不是椅子，是勺子），或不切实际地妄发誓言（比如，我发誓三天三夜不睡觉），针对严格禁止的行为发誓（比如,律法严禁偷盗,某人发誓要偷盗）。不可说脏话（不可骂人，不可诅咒他人），不可随意提及神之圣名，空洞地、毫无必要地提及神的圣名等行为，均可认定为对至高者 神的不敬虔。

在书写神之圣名和书写神圣书籍时，当存敬畏之心

正如不可妄称神的名，当要尊崇神的名那样，在写作中，也应该严肃，当要尊崇神之圣名。在写作或抄写具有西奈传统的、神圣教导的相关书籍时（有时虽然表面上看没有神之圣名的出现），无论是最早的先知文籍（圣经）或是相关的注释书籍，都要存着敬畏虔诚的心。

尊重传统的教导和师长

教导神圣律法的人，无论是先知还是先哲，作为传授神圣律法的管道，应该受到足够的尊重。对传统教导和师长的尊重，就是对律法和至高者 神的尊重。敬重师长同样也包含敬重师长们所具有的品格、特质。在我们的时代（即便我们时代的师长不像先代的先哲们那么伟大），师长们依然肩负着解释和传承神圣律法的使命。因此，我们应该要足够尊

重我们灵性的老师，甚于尊重我们的父母，虽然我们的父母将我们带到
这个世界，但我们灵性的师长，将带领我们进入将来的世界。

4. 尊重他人，尊重他人的话语

尊重父母

诺亚律法原则规定，当尊重父母，尊重父母与尊崇至高者 神有关：
"这与禁止亵渎有着密切的关联，是严禁亵渎的一部分，因为人的一生
有三位至关重要伙伴：父亲、母亲和至高者 神，尊重父母和尊崇至高者
神同等重要，而诅咒父母等同于诅咒在天上的那位。

诺亚律法的基本原则是，要尊敬父母（这是诺亚律法中为数不多的
几条主动性诫命之一）。对父母的不尊重是未能履行传统所表明的合理
义务 -- 为父母养育子女所付出的努力而感恩。对父母的尊重也支持了
传统价值观的传承，而且父母对孩子们有着思想和观念上的引导。

因此，我们所需要做的，不仅是避免对父母的不敬，更要积极主动
的尊重父母。

尊重他人

人具有神的形象，因此我们应该尊重他人。不可轻看他人、不可诋
毁他人（不可诋毁人种、文化和残疾人）。当时刻敬畏神、侍奉神。人
因具有独特的品质和潜能而获得赞誉，而且可以在特定的时刻得到独特
的体现。不可辱骂法官或领导，因为他们也遵守诺亚律法，在诺亚律法

的 "正义" 诫命之下。

尊重他人的话语

　　以神之圣名发誓，就必须要遵守誓言，遵守誓言是诺亚律法中 "不可亵渎" 的衍生（与尊崇神的名相连）。有观点认为，即便没有以神之圣名发誓，也应该要持守誓言或承诺，因为与神圣的荣誉相关，人的语言具有神圣的力量，不可亵渎和侮辱。

　　诺亚律法的基本原则之一就是：必须持守誓言（以神之圣名发誓），在做出誓言、承诺、肯定的时候（无论是否包含神之圣名），都应该要持守自己的话语，作为理性价值的一部分，来自圣经的引导比单纯的禁止更为令人信服。以神之圣名发誓，之后又没有持守誓言，是为不尊崇神的名，也不合乎宣誓的原则依据。

　　手势、身体语言等，按照习惯法，和口头承诺具有同样的效果。比如在商业谈判中，握手代表合同的达成，身体语言和口头承诺作为承诺的一部分，必须得到切实遵守。对誓言和承诺的解除，我们不在此处详细论述。

5．侍奉至高者　神

祷告

　　祷告虽然不是对人类的明确诫命，但人向至高者 神祷告是合情合理、理所当然的，至高者 神是万有卓越的创造者和维护者，又照着我们的需要，给我们满足。

祷告的重要意义在于可以使我们更加专注于神，祷告如同"梯子"，使我们一步一步地走到至高者 神的面前，也就是说，祷告使我们站立在神的面前，"面对面"地为我们所需用的祈求神。祷告使我们更新与神的关系，并祈求神满足我们的合理需要：必要的物质需要和灵性的需要，用以更好地侍奉至高者 神。

在诺亚律法中，对祷告并没有严格规定时间和祷告词，只是要求人们在有需要的时候直接向至高者 神祷告，具体体现在"坚信至高者 神"的原则之内（以及严禁拜偶像的原则之内）。

如同至高者 神每日更新所创造的万有，人们也应该每日祷告。许多人希望每天都能听到"新闻"，所以他们应该每天花些时间用来"制造"新闻：呼求至高者 神每天更新祂的受造物，呼求至高者 神供应每日的需用，并每日提升我们的品质。

每日感恩，将感谢赞美归于我们的神，因为神供应我们日用的饮食，正如亚伯拉罕所行的那样，他招待旅人，并告诉旅人要为自己的饮食而感谢至高者 神。不但要在日用饮食上感谢神，在其他各方面，也要感恩、感谢神的恩待，在传统中同样表达了这些原则要求，以及我们对世界的认识。因为"地和其中所充满的，世界和住在其间的，都属至高者 神"（《诗篇》24:1）。万有都属于至高者 神，若不藉着感恩和"救赎"，就不能得着益处。

研读神圣的教导

毫无疑问，我们有责任学习神圣的教导——诺亚律法，而且全人类都应该遵行诺亚律法，因为诺亚律法及其细则直接来自西奈启示。在学习诺亚律法的过程中，我们应该要对诺亚律法有深入的研究（如此才能在执行诺亚律法的过程中，赋予更深层次的意义并揭示诺亚律法的深刻含义）。

在对诺亚律法的深入研究过程中，我们不仅要更加深刻、更加全面地认识普世伦理的必要性，而且更要藉此认识至高者 神的智慧（神的智慧体现在诺亚律法之中）。在对诺亚律法的深入研究过程中，我们深刻理解并认识：人类的救赎、万有的受造以及 "地和其中所充满的" 都属于独一的创造主。对此，先知以赛亚总结说："认识至高者 神的知识要充满遍地，如同大水充满洋海一般"（《以赛亚书》11:9）。对诺亚律法神圣教导的深刻理解与认识，必将成为我们生命的一部分。

注释和应用神圣律法的能力，以及律法在新形势下的应用等只能从整个传统评注中获得，从西奈传承的文本中获得。律法赐给那些在西奈获得全部启示的人（诺亚律法以及诺亚律法之外的其他启示），赐给那些向往并专心研究神圣律法的人。诺亚律法的原则建立在西奈传承的基础上，因此不可脱离传统，曲解律法。以诺亚律法为审判原则的法官，必是博学之人，必将在研究和应用之间建立起十分清晰的有机联系。人类与卓越的神圣教导紧密相关，对诺亚律法新的解释、应用和治理等，属于那些对整个传统有深入理解的传承之人。

悔改

诺亚律法的重要原则之一就是，人类有自由意志选择遵行普世伦理的教导并在日常生活中行出律法的要求。由此，人总要对自己的行为负责，不得脱离适当的道德约束。只要是思维正常的人，不会总是行走在败坏的道路上，他或她一定会幡然悔悟，回归正确道路。悔改的原则就是要求人们离弃不良习惯、离弃败坏人心的道路。在圣经里，有个著名的例子就是尼尼微。当约拿向尼尼微大城呼吁，要他们离弃恶行时，他们听从了先知的劝诫。

事实上，人的自我悔改并不一定能避免世俗法庭的审判和惩戒。审判或惩戒的原则并非察看"人心"（核实人心之内的悔改）而是依据行为的结果。当人的行为发生明显改变，具有更多的善行和道德表现，这正是悔改的显明。至高者 神对人的审判与世俗的法庭截然不同，因为至高者 神鉴察人心，因着人真诚悔改的心，神必以恩慈待人。因此，悔改必定影响至高者 神对人类未来的形塑和救恩。不必误认人所具有真正的道德行为是"虚伪"，或许他或她之前非常暴力；因着悔改，他或她已然成为一个"新人"。

在改善和"修复"基本道德行为之外，人更应该努力提升自身的道德品质，促进并提升与他人、以及与至高者 神之间的和谐关系。应该远离流言蜚语（即便没有对他人造成伤害），远离怨恨，更不用说是无缘无故的恨；不可给他人造成苦恼和沮丧，当以爱与良善对待他人，既要关心自己的健康，也要关心他人的幸福。所有这些良善的行为都在较高层面之上，显明了"似神"的特征，人类品格和行为的改善与提升，超越了诺亚律法的原则。

"在你所行的事上都要认定至高者 神，祂必指引你的道路"（《箴言》3:6），"你所行的一切都应荣耀至高者 神"（Pirkei Avot 2:12），也就是说：一个人的行为，即便是最为普通、看似私人和随意的一举一动，都应该具有建设性和示范性。即便是在休息、娱乐和健身运动过程中，也应该以获得健康、力量和平衡，以侍奉至高者 神为目的。

第 9 章　婚姻与社会

概览

1. 前言

律法与道德

宽容的意义与限度

2. 禁止不道德性行为

不道德性行为的界定

通奸

同性恋

兽交

乱伦

3. 婚姻关系

婚姻是合法性行为的纽带

家庭基础

婚姻的强化

婚姻的终止——离婚

4. 生殖与养育

生育是道德义务与责任

绝育

基于生物学基础上的联系

个人：本质上的相关存在

亲缘的限度与范围

5. 性道德的边界范围
无效射精
乱交
性道德的安全观

1. 前言

律法与道德

关于律法与道德之间的关系，特别是有关诺亚律法与道德之间的关系，英国上院大法官派翠克·德富林（译注:Baron Patrick Devlin: 1905.11.25—1992.8.9，英国法学家，自然法学派代表人物）在他所写的《强制执行》（The Enforcement）的书中，直接指出了法律和道德之间的关系：简言之，法律不应该使道德变成私人领地而撤出，并使个人自主处理各自的道德问题。德富林的书引发了沃尔芬登的一篇有关同性恋与卖淫的报告（译注: John Wolfenden Baron: 英国教育学家，Uppingham and Shrewsbury 的校长，1957 发表同性恋非刑事化报告），报告递交给英国议会，并于 1957 年公开发表。

德富林认为，法律的基础是保护社会，而社会是"思想和价值的共同体"。思想和价值直接与人类交往有关，涉及公共场所的现实物质冲突与价值观冲突，与是否完全属于私人生活范畴没有关系。比如，人想要结束自己的生命，并请求他人的协助："协助自杀"不属于完全的私人领域，在双方同意的前提之下，任何一方都不会因此受到伤害。但是可以通过立法反对协助自杀，毕竟社会教育和社会价值认可生命的意义。

在性道德方面也同样如此，比如卖淫、同性恋、生殖技术的使用等，这些都必须要有申请、注册、以及制定相关道德标准。此外，德富林也提出第二个理由，法律必须解决私人领域的道德问题，因为私人生活与公共生活始终无法彻底割裂，社会公德在私人生活领域内的减损，反过来会渗透并再次削弱社会公德。

诺亚律法，正如德富林所理解的那样，有着律法与道德的高度统一，但在道德来源上，不同于德富林的认知。德富林认为，道德情感来自社会大众对道德价值的感觉；而诺亚律法则必须建立道德并守护道德。

律法必须禁止某些使社会大众感觉厌恶的行为，出于同样的原因，假如社会对某些行为不再感觉厌恶，而是习以为常，那么，法律也就不再禁止这些行为了。德富林认为，信仰对他自己有着重大而特殊的意义。但他也认为，虽然宗教在很大程度上，塑造了公众情感，但不是全部；在公众舆论不一致的情况下，要求法律体现出宗教教义，这是错误的。

反诺亚律法的趋势是：社会情感趋势并不代表更高层次的反映和意识，即社会意识和灵魂。从社会学的角度来说，法律和制度从流行的文化和信仰中获得其实际合法性。流行文化和信仰既会自发地改变，也会在各种压力下形成。人类的欲望（并非都是高尚）是由商业和媒体培育出来的。道德趋势可能会在默认的前提下形成（并非有意为之），其发展速度和程度可能会令社会本身感到惊讶（当社会看到家庭破裂、堕胎数量、早期青春期性行为的发生和蔓延，以及会产生的各种后果）。

针对上述社会现象，人们或许会反思，并发现这些社会思潮或流行与传统的基本良知并不一致。哲学家黑格尔因为他的历史命题"真实就是理性、理性就是真实"而受到嘲笑，或许有人会说，假如没有严格的约束，社会上存在的一切趋势都是"好的或理性的"。

诺亚律法教导我们，有些基本价值是绝对而普遍的，尽管有着社会趋势，但社会趋势有一个衰减的过程。诺亚律法通过人类自我超越和人类良知的持久价值（传统）得到论证，这些价值与神圣教导共鸣且一致，并促使我们回到至高者 神的面前。但是在性的领域内，召唤起这种灵性的共识是最困难的，因为这种召唤要求人们实现自我理想的超越，这是人类肉体欲望的本性（尤其是享乐主义文化所培育出来的）所自然抗拒的：对性冲动实行约束和引导。从这点来看，德富林的社会情感道德标准是不完全的，因为社会环境中有太多的塑造力量在对抗着人类的自我超越。

宽容的意义与限度

即使社会在法律上认可某种道德规范，并将违背该种道德规范的行为认定为犯罪，但也可以选择不对此种犯罪行为施行惩罚，"宽容"有时反倒助长了违背法律的犯罪。违背道德规范而不受惩罚，德富林写道："这不是怀疑主义，规范毕竟是值得怀疑的，但事实上，一个人并不比另一个人更有资格获得道德上的确定性"。宽容，来自道德相对主义，引发了社会价值的无限飘移和"私有化"倾向：这种无限的宽容可以使乱伦、兽交、安乐死合法化。许多的自由主义者们从未想要看到制度化的价值观，直到这些价值观成为事实，成为"正确的"观念。德富林可以为越轨行为找到不受惩处的理由，只要越轨行为没有发生，或者仅是有可能发生而实际没有发生。例如：在现代社会，德富林对通奸行为十分宽容。他写道："在我看来，破坏婚姻的通奸行为对社会结构的危害与同性恋一样……将其置于法律之外的唯一根据就是，将其定罪的法律难以执行：这是太过普遍的人类弱点，不适合对其实施监禁"（参见《强制执行》：*The enforcement of morals*，p22）。

德富林进一步指出，将某种行为作有罪认定，但因为某些原因又没有对这些行为实行判罚，这不意味着法律宽容这种行为。我们可以说，立法机关针对犯罪，可以采取三种可能的原则立场：定罪并判罚；定罪但不判罚；合法化及认可。在最后这种情况下，罪将非罪。社会对罪的宽容甚至法律上的合法化和确认，实际上是道德的巨大崩坏。如何坚持道德与律法的统一，德富林谈到"平衡的行为"，法律必须知道什么时候应该执行以及如何执行，虽然道德教导和原罪的概念依然存在。

　　诺亚律法既规范人类的私人领域，也规范着人类的公共领域。确实，性道德的"私人性"本质上是一个世俗的概念，但却是与世俗的哲学家们所认为的人类基本行为无关的领域：因为物质的相互作用包括了占有、冲突和权力。哲学家们认为，只要双方同意并互相满足，社会并不应该涉足私人领域。对此，争论在继续着，有观点认为，人类应该完全独立自主，不受任何的监督。从诺亚律法的灵性观点来看，人类不存在完全的"私有空间"：在至高者 神的面前，凡事都显明无遗，从信仰的意识来看，神鉴察人的所思所行，即便是最隐秘之处。"私密"与"公共"的差别在于，私密体现了人与神的关系，与人格有关；公共领域则是人与人之间的互动与交往。因为"私密"体现了人与神的关系，所以，不能将"私密"完全地边缘化。而人类的性行为与人类更大的身份有关：圣经告诉我们："神照着自己的形象造男造女"。人类通过异性婚姻实现繁衍，因此，诺亚律法严禁不道德性行为。

　　严禁不道德性行为与人—神之间的关系有关，不道德性行为通常不被社会视为严重的违法行为，世俗化的日益加剧使人类对至高者 神的体验和感知就越来越少，也为犯罪行为的判罚带来一定的影响。诺亚律法的判罚原则针对两个方面：首先是针对违法行为的威慑和惩罚，其次是针对违反国际法、或者是无视国际法的行为。"因此，学习诺亚律法是每个人义不容辞的义务和责任"（拉班语）。当然，"不懂法律不是借口"这一概念假定了诺亚律法的某种颁布和施行，而事实上，当代社会大多数人还没有接触到诺亚律法。此外，虽然诺亚律法的内在合理性是使违法者受到惩罚的依据，但在流行文化盛行，以及公众对媒体、政客、法官、学者以及其他"名流"缺少并违背律法原则教育的社会中，律法又很难得到有效执行：因为我们很难知道普通人从哪里学到了诺亚律法。从这点来说，许多违背诺亚律法中"严禁不道德性行为"的人将会以不知情的理由，免除对其的责罚，因为这些人没有学习的机会（约拿书 4:11: 何况这尼尼微大城，其中不能分辨左手右手的有十二万多人……我岂能不爱惜呢？）。由此，即便诺亚律法被认为是与"社会现实脱节"，也依然应该继续执行诺亚律法的原则与禁令。因此，社会有责任教育和提醒人们，使人们重新回到诺亚律法的原则中，自觉地拒绝不道德性行为。有些观点认为，应该免除个人的责罚，因为"社会尚未普及"这些律法知识，对诺亚律法的违背，是个人与神之间的事。诺亚律法不但是个人与至高者 神之间的事，也是人与人之间的事：比如谋杀、偷窃等，公义是基本的理性要求，在人类社会中，公义从未被模糊过。

我们将在论公义的章节，展开对"忽视律法原则"的讨论。

2. 禁止不道德性行为

不道德性行为的界定

在诺亚律法中，对不道德性行为的界定，有四种类型：其中三种与血缘关系的"紧密"程度无关（血亲关系），这三种类型的禁止性行为分别是：通奸、同性恋、兽交；第四种类型即乱伦，由血缘或婚姻关系而被禁止的性行为。以上四种不道德性行为皆为有罪认定。

上述不道德性行为（除兽交之外）如何作有罪认定？从两个方面可

以做出判定：（1）生殖器插入或生殖器—肛门插入；（2）无论是完全插入还是部分插入。有观点认为：无论是同性恋、兽交、通奸，只要生殖器互相有触碰，无论是肛门触碰还是性器触碰，都构成有罪认定。有观点认为，根据以上判定，只要生殖器部分插入即构成完全的有罪认定，那么乱伦该如何认定呢？第二种观点认为，在任何一种类型的不道德性行为认定中，只要双方之间生殖器完全插入（同性恋排除在外，因为同性恋为生殖器－肛门触碰）即构成有罪认定。但是此种观点不作为主要裁决依据。

　　低于上述定罪标准的行为并不会被宽恕。而且，其他各样暗示性或挑逗性行为也可能会导致不道德行为的发生，这些行为包括生殖器外部接触或与身体其他部分接触所发生的性行为，甚至是拥抱和接吻等；拥抱和接吻具有潜在的性特征，与父母拥抱或吻孩子性质完全不同。因此在诺亚律法中同样有所禁戒。此种观点维持了圣经中对导致不道德性行为的禁止性诫命。具体将在本节"性道德的安全观"中展开论述。即使不以圣经的禁止性诫命来要求，我们也可以在合理的范围内采取某些严格的措施，用来预防和限制犯罪行为发生。

通奸

　　"人要离开父母与妻子连合，二人成为一体"（《创世记》2:24），因此，严禁通奸："人要与自己的妻子亲近，却不可与他人的妻子亲近"。对妻子以及一个女人不再被视为已婚的界定，将随后论述。

　　根据圣经基本的律法原则，并未禁止男子多妻，已婚男子与未婚女子发生关系，按照圣经的界定标准，不作通奸论处。圣经也排除了与不适合作妻子的人的关系（在此，已婚与未婚有明显区别）。然而，社会有权禁止并附加对一夫多妻的制裁；并谴责已婚男人与单身女人发生关系。

如前所述，性犯罪通常涉及人与神之间的关系，是人在神的面前犯罪（与性关系双方是否自愿无关）。通奸是双方都犯罪，和其他类型的性犯罪相比，通奸侵犯并违背了婚姻双方之间的约定，根据诺亚律法，婚姻是婚姻双方互相指定、排他性的承诺与约定。因此有评论认为，通奸等同于"偷窃"。

同性恋

圣经严厉禁止男性之间的同性恋（指男性之间的性行为），圣经教导道："……人要与妻子连合……"，鉴于当今社会推动同性恋合法化的政治力量，因此非常有必要对此作简要论述。那些寻求同性恋合法化的人之所以这样做，是因为同性恋构成了某些人的"性取向"。对同性恋的分析和回应必然要基于圣经或诺亚律法中有关人类的概念，人类是身体、思想和灵魂的综合体，用哲学家或精神病学家的话来说，例如维克多·法兰克认为：灵魂或良知是人类的最高表现形式。灵魂以身体和心智为自己的载体，在伦理上，按照神圣的规范，仲裁来自身体和心智的冲动与倾向。因此当我们谈到由人的身体或精神人格所产生的倾向、冲动时，只是描述了人类的基本现象，远远不是本质和更高层面的人——灵魂所必须处理的对象。针对同性恋的道德标准不是由是否属于身体需求来确定的，而是由至高者 神（以及我们的灵魂）的对错标准来判定的。按照灵魂的认定标准，同性恋是错误的性取向，是"错误的动能"（法兰克的学生如此认定），是人类必须以同情和关怀予以纠正的一种畸形。例如，当我们被巨大的愤怒或无法抗拒的赌博冲动所控制时，虽然愤怒和赌博并不一定会成为常态，也不会使"个人"在本质上变成愤怒的人或者赌徒，但我们依然必须要以某种方式处理这种愤怒和赌博的冲动。

　　法兰克将非正常人类心理体验分为三种类型，第一种属于基本心理或生物化学——身体方面，具体症状表现为精神疾病。最为明显的例子就是精神分裂。第二种类型属于精神或者精神心理障碍，专业术语表述为"机能性神经症"，各种焦虑和强迫性冲动就是这种类型的明显例证。第三种类型从本质上属于健康，但带有隐形的病态，在身体或精神层面没有显出精神错乱，但实际上内心深处却经历着"存在危机"：有关生命意义的危机。这种危机会对人类精神能力造成重大伤害。所有这些精神症状都不是健康的存在形态，只是在转化程度和治疗方法上有所不同。

　　即便是有精神障碍的人，也可以获得某些干预性治疗，即便不能完全正常化。精神分裂症患者无法正常生活，也无法恢复健康状态，他们处在极其困难和挣扎的状态之中，因此我们应该给予同情和尽可能的帮助。针对同性恋倾向，布尔卡医生建立了一套同性恋认定标准，同性恋主要症状是在女人面前无法正常勃起，或者说，没有能力从事正常的异性性取向（Dr. Bulka: 1944 年 6 月 6 日出生于伦敦，加拿大渥太华的拉比，作家、活动家，加拿大犹太人大会联合主席，主要研究维克多·法兰克的徽标疗法）。无法有正常的婚姻生活，对正常的婚姻生活感到恐惧，而诺亚律法严格规定：严禁同性性行为。

　　有些人对同性恋没有那么强烈的冲动，在生理上也有能力维持与异性的关系，但是在建立与异性的关系上存在有一定的困难，这和困难来自精神性因素，与心理疾病中的神经质类似，在某种程度上是受"驱动"的，存在着治愈的可能性。除了其他的治疗之外，这些人还需要做灵性转化，比如道德规范和灵性知识教育，从而摆脱他们目前的状况。

　　对绝大多数人而言，异性恋是自然而简单的选择。虽然其中有些人可能会有同性恋冲动，但很容易得到控制。有研究表明，有多达 26% 的年龄在 12 岁左右的孩子们报告说，他们不能确定自己的性取向，但只有 2% 的成年人承认自己是同性恋。同性恋主要与"多形性变态"

（polymorphous perversity）有关，是身体和精神领域的病态特征反映。剩下的 23%–24% 不能确定性取向的年轻人，在成年之后依然可以继续着异性恋的生活，他们对同性恋冲动的放纵是任性（或者是生活方式所决定）的表现，而不是心理或生理状况。

对那些在生理或心理上有同性恋倾向的人来说，将同性恋公开合法化实际上是将同性恋从病态异常转化为"命运"的常态，从而使同性恋患者放弃疗愈的努力。对于大部分同性恋患者而言，他们在心理或生理上并没有特别的冲动，对同性恋的放纵主要还是来自文化环境。

同性恋发展趋势最为令人担忧的可能是同性恋文化的正常化，并成为小学和中学早期教育的一部分，而在这个年龄段的孩子们，可能还没有确定或明确他们自己的性取向。在这种情况之下，同性恋可能会达到很高的比率，这在历史上有例可查，就像希腊和罗马衰落之前那样。

诺亚律法同样严禁女性同性恋，古埃及人流行女性同性恋，最后导致堕落，这在圣经中有所叙述。

很少有人能理解人类本质的属灵身份，灵魂（掌控着身体和思想）是一个统一体。我们反对同性恋，并不是反对同性恋的人，而是反对同性恋的行为。在同情和关怀的背景下，反对同性恋的行为实际上构成了对寻求克服同性恋障碍的人所提供的必要的道德援助。

兽交

无论男性或女性均不可兽交，诺亚律法严禁兽交。严禁兽交的法律依据来自……"夫妻二人当成为一体"。因此，排除了不能生育后代的人兽结合。有评论认为，兽交与同性恋具有一个基本的共性，那就是无法繁衍后代，当然也有其他的论述指出了物种之间的不匹配。同性恋和兽交都违背了至高者 神的意愿和计划，所有的物种都应该使自己的种群得以自然繁衍（特别是人类），这是至高者 神创造的目的。

乱伦

　　按照圣经的原则，诺亚律法对乱伦有以下几种界定：（1）相同血缘之间发生的性行为等；（2）因婚姻而产生的亲属关系之间发生的性行为等，针对上述界定，诺亚律法有着详细的禁戒性措施。

　　相同血缘之间发生的行为根据诺亚律法的原则，禁止相同血缘之间发生行为，"相同血缘"指母系关系。例如：亲兄妹之间有共同的母亲，因此，亲兄妹之间严禁结婚。根据历史实践或人类乱伦的现象，乱伦产生的孩子无法确定其亲子关系，当人对自己的父亲是否是自己亲生父亲而产生怀疑的时候，毫无疑问，对自己的母亲的怀疑也将油然而起，而孩子必将在知情者面前受到羞辱和打击。假定人能够确定自己的父亲，这种假定将带来对父亲应有的尊重。通常而言，神圣的律法确认传承、国籍和父母身份，但是乱伦而产生的身份认同将不被接受。亚伯拉罕对亚比米勒说，撒拉是自己的妹妹，"她与我同父异母,后来作了我的妻子"（事实上，撒拉是亚伯拉罕的侄女）。没有共同的父亲不构成血缘关系。同父同母兄妹之间、母子之间严禁乱伦，严禁外甥和阿姨之间乱伦。许多国家针对乱伦与婚姻的立法都规定，血缘关系由父母双方共同确定。因此，针对乱伦有着严格的禁戒性规定。诺亚律法对此有更为严厉的规定，无论父系还是母系关系，都不可乱伦。

　　根据原则，母系为血缘传承的基本认定，人甚至可以和自己的女儿发生关系，因为父系传承不被认定为乱伦（译者备注：这种说法不符合诺亚律法的规定，也不符合人伦道德，十分不妥。上面刚刚讲过：诺亚律法对此有更为严格的规定，无论父系还是母系，都不可乱伦）。但权威们认为，诺亚律法严禁父女结合，这样的严禁具有完全的法律效力。

以亚伯拉罕为例，他后来远离罗德，因为罗德与自己的女儿有性行为。

与自己的母亲发生性行为，即便母亲并未与父亲成婚；她都是母亲这一事实不可否定。

不可娶自己的姑妈、阿姨、伯母、舅妈等为妻。由此，人必须确认自己的生父（假定其为生父），才能确认父亲的亲姐妹。这是另外一个"圣经的原则"。有建议认为应该严格执行这一规定，另外还有建议，比起禁止与父母的亲姐妹结婚，更要禁止与父亲的妻子结婚（继母将在下面详述，指父亲多妻）。

圣经原则规定严禁血亲之间的婚姻，限定在这些原则之内。但有许多民族与国家对此有更为严格的规定，包含了更多的代际限定（比如三代以外或五代之内不可通婚等），比如从祖父母的辈分开始计算。更为严格的限定实为一种美德，这些都是涵盖在诺亚律法的基本原则之内。

具有婚姻关系的乱伦　有两种类型的婚姻关系必须禁止：（1）自己的近亲，不可取来为妻；（2）妻子的近亲，不可取来为妻。根据圣经的定义，第一种情况的推论，应该是人不可与自己父亲的妻子结婚，虽然不是自己的生母，也不可以，即便父亲与其离婚，或者父亲去世，也依然不可。这是圣经对"自己的近亲，不可取来为妻"的定义；第二种情况指，自己妻子的同胞姐妹，不可取来为妻，此禁止性诫命虽然没有列入诺亚律法，但依然在圣经的禁止性诫命之中。因此必须遵行。人不可同时娶母女为妻，不可娶自己的继女或岳母为妻。当代社会的伦理道德同时也禁止上述或类似行为，这些道德性禁戒，应该列入诺亚律法的原则之内。

3. 婚姻关系

婚姻是合法性行为的纽带

根据诺亚律法的原则，男女应该结婚，通奸属于犯罪；完美、道德的性关系来自婚姻。因此男女之间发生性行为，必须以建立婚姻为目的。性行为必须以婚姻为基础，婚姻是合法性行为的纽带。合法婚姻的年龄以生理成熟，可以承担责任为基础，人类社会对此有所规定（环境不同，标准不同）。有些婚姻是否属于无效婚姻（比如乱伦）存在着争议。有些婚姻是否被许可？例如，男子与自己亲姐妹的婚姻，明显是属于乱伦。

家庭基础

诺亚律法有关婚姻的原则中，有一个术语："夫妻互为对方而专设"（译注：指命定的缘分），婚姻意味着对彼此的坚定与承诺，彼此不可分离。"互为对方而专设"指的是男女双方因婚姻为纽带而紧密结合在一起，双方共同生活。婚姻的概念就是彼此相守一生，而不是临时性的同居。另外婚姻必须为大众所知晓，当然离婚也必须为大众所知晓。

婚姻的强化

夫妻之间生活在一起，双方之间相互信任、亲密无间，这就是婚姻的基础。但按照诺亚律法的观点，丈夫对妻子有额外的财务责任。另外一种情况是，女子从前是妾，之后升为妻。亚伯拉罕一开始就娶撒拉为妻。撒拉去世之后，亚伯拉罕将夏甲接回来，夏甲从前就是妾（所谓

"妾"Pilegesh：希伯来语术语，指社会地位与法律地位与妻相似，通常为了生儿育女）。Pilegesh 的词根来自 peleg，意思是"一半"：妾是妻的一半。妾最初只提供性服务，不用以建立家庭和生儿育女为目的。妾可以继承她们父亲的产业，也从自己的丈夫那里获得应有的财务支持。有专业的评论认为：

人们可以根据诺亚律法的原则成婚，立定婚约并互赠礼物。双方也可以自愿离婚，子女可以随母，不继承父亲的产业。

还有一种关系，男女双方住在一起，彼此忠诚于对方，但双方经济独立，财务分开，按照诺亚律法的原则，这种关系非婚姻关系。男人对自己的妻子负有责任，妻子对丈夫同样也负有责任，婚约文书同样对财产有着明确的规定。但按照第二种观点，财产界定必须包含离婚之后的财产分割。

婚姻双方在婚姻期间或离婚之后没有经济责任的自愿承诺，按照诺亚律法的观点，不属于完整的婚姻。完整的婚姻来自双方之间的忠诚和对生活的责任。无论是否有婚约，婚姻双方都有着共同的家庭责任。同居，按照诺亚律法的观点，可以认定为事实婚姻。婚姻的稳定来自婚姻双方的平等责任，但现代社会将事实婚姻从婚姻中分别了出来。

婚姻双方最好能为婚约以及未来的生活做出庄严宣誓。婚姻的承诺应该为社会大众所知晓，并在他们自己的生活中达到神圣而和谐的统一。在至高者 神的面前做出庄严的婚姻承诺，必使婚姻更为神圣和稳定。

婚姻的终止——离婚

婚姻双方一方去世，婚姻关系自动终止。根据诺亚律法，夫妻双方都可以提出离婚要求，离婚意味着一方"离开家"；"离开家"是指永久的离开，而非临时性离开；临时性的离开不构成离婚的要素。离婚同样也是十分严肃的事，必须为公众所知晓。

4. 生殖与养育

生育是道德义务与责任

　　生育是圣经的神圣诫命之一，"要生养众多，遍满地面"。传统认为这是以色列律法的特别要求，每对夫妇至少应该有一儿一女。但是对此也存在有争议的地方：该条诫命是否在西奈得到重申？毕竟本条诫命在西奈启示之前，已经给予全人类；在西奈重申的诫命中有很大部分都与全人类有关。有观点认为，该条诫命得到重申，并且是人类义不容辞的责任。

　　有一种为"基要"派观点，认为生养众多的诫命在西奈没有得到重申，因此在具体的生育要求中，人类并没有特别的责任，但生育依然是人类的责任。正如《以赛亚书》45:18 所言："……并非使地荒凉，是要给人居住"。这是两种不同的观点，第一种观点认为，一对夫妇至少应该生育一男一女；第二种观点认为，生育的责任并非由个体承担，而是属于全人类的责任：遍满全地，有人居住，这是基本的原则。

　　人类的生育责任具有特别重大的意义，不仅是现实的意义：没有人类就没有社会；而且更具有灵性的意义和使命。我们的使命就是在全地实现诺亚律法，将良善带给整个世界。因此，我们所能成就的最伟大、最基本的责任之一就是将道德与良善传递给更多的人，而我们的孩子来到这世界，也具有同样的使命。当人们将生活理解为仅仅是身体和物质上的满足时，就把孩子的增加看作是物质需求的增加，是对自身物质需求的威胁，降低了自身物质生活的质量。也就是说，当人们把生育理解为在这个世界传播良善的时候，不但不是紧张与匮乏，反而从良善的倍增中产生出巨大的幸福。

基于此，物质利益相对于道德生活质量的重要性而言，就变得不那么重要了。这不是说我们可以放弃对物质生活的规划，而是物质生活与道德生活之间的选择优先而已。这种态度也与对至高者 神的信仰有关，至高者 神的旨意就是，世界应成为一种精神与物质的同时存在，至高者 神的祝福将确保所有人的食物与物质需求的满足（无论是个人还是人类整体）。现代社会流行"单身"文化，单身文化往往伴随着对物质积累的渴求与消耗的恐慌，单身文化漠视、甚至反对生育。正如人无法充分认识自己生活中的精神与道德层面，人也无法认识生育中道德义务的精神意义。

绝育

针对人类和动物（无论家养还是野生）、家禽和飞鸟是否可以绝育，有两种不同的观点：有观点认为，人类严禁绝育，必须承担生育的道德义务和责任；其他观点认为，在自愿前提下，不禁止人类和动物接受绝育手术，单独的个体不对种族的繁衍承担责任，但种族整体必须承担繁衍的责任。两种观点的不同可以从内部一致的角度去解释，基于神赋予人类的使命，我们有责任去保护和扩展生命（人类与动物）。

第一种观点认为，人类个体有生育的义务与责任，通过阉割雄性来阻止生育实为罪无可赦。第二种观点认为，人类整体（而非个体）具有种族繁衍的义务与责任，同理，单个的动物也无需承担生育的责任，雄性动物的个体，而非全体的绝育是可行的。基于此种观点，人类应该关注动物世界的繁衍和延续。

基于生物学基础上的联系

对人类传承的基本界定就是查考其父母。针对圣经中禁止不道德性行为的诫命，有注释认为：

为了使世界的存在合乎至高者 神的心意……神的旨意就是万物都能够产生自己的后裔（果子），各从其类，互不混杂。神也希望人类的延续有清晰的传承，互不混杂（通奸将会混淆亲子关系）。

父母与孩子的关系和是否有性繁衍无关：体外受孕、试管婴儿（IVF）依然有自己的亲生父母，而无需通过结婚的方式。在人类当中，孩子与父母的关系是生物学意义上的有机联系，正如圣经所言："人应该离开父母，与妻子连为一体"（孩子来自夫妻的合一）。从生物学意义上说，夫妻的合一体现在孩子的出生。毫无疑问，在本章的许多论述中，我们都提到生育必须来自婚姻，但是，体外受孕依然不能改变父母与孩子的生物学联系。

现代技术可以通过捐赠和代孕方式实现人类的繁衍，这里会带出一个问题，谁是生物学意义上的母亲？是捐赠卵子的呢？还是代孕的呢？虽然对此有普遍的争论，但主流观点还是认为：代孕者为母亲，父亲为精子捐赠者。

个人：本质上的相关存在

"人要离开父母，与妻子连为一体"。针对这句话，有评论认为孩子和后裔是夫妻连为一体的象征，如上所述。但也有另外不同的评论：动物，雌性与雄性也因为后裔而"连为一体"，为什么单独针对人类有如此的强调呢？

对此的回答是，人类的独特之处就在于血统的传承，由此可以追溯到自己的祖上。人类通过自己的父母，清晰知晓我们是谁的儿子（或女儿）。清楚了解自己的血统传承（也通过其他的鉴定方法）。人类是本质上的相关存在，这对人类而言是非常重要的生存问题。比如被收养的孩子或者是采用人工技术所生产的孩子，就经常会产生某些精神上的困惑。还有更为重要的方面，父母不仅在孩子身上找到他们共同的身份，孩子也在父母的身上找到自己的身份认定。亲缘，顾名思义是两人内在固有的连结，是相互之间的内在同一性。

亲缘的限度与范围

圣经对亲缘的界定有许多的认定标准。首先，生物学意义上的父母是确定亲子关系的首要标准（确定代际传承）。虽然监护权可以通过收养转移，但不能改变孩子身体和精神上的传承。任何立法都无法改变孩子亲生父母的固有地位。其次，按照圣经的律法原则，孩子继承父亲的遗产，也就是说，亲生孩子可以对生父的遗产提出继承要求。再次，生父决定了国籍的传承。再次，父母的身份决定了孩子的未来的婚姻状况，哪些属于禁止的范围，哪些不属于禁止的范围。最后，尊重父母是普世的人类道德义务，因此确认自己的亲生父母就十分重要。

5. 性道德的边界范围

无效射精

圣经对射精有着严格而重要的规定（除了正常的性行为之外）。无效射精实际上就是阻止生育或毁灭生育。因此圣经严禁无效射精。针对无效射精，有两种认知观点：一种观点认为：无效射精与是否有特别的生育诫命相关。因为人类个体没有收到明确的诫命，要对生育负有责任，而人类整体则对繁衍负有责任。因此，根据此种观点，无效射精不在禁止之列。第二种为主流观点，认为人类传统源自起初，任何个体都具有生育的责任，因此禁止无效射精。事实上，无效射精正是大洪水之前人类所犯的罪孽之一。假如没有明确的禁止，他们也不会受到大洪水的灭绝。这种观点认为：禁止无效射精，因为人类个体承担着明确的生育责任。

对此，我们详述如下：圣经有两处明确提及禁止无效射精，一处是大洪水之前的人类，"神观看世界，见是败坏了，凡有血气的人，在地上都败坏了行为"（《创世记》6:12），人类的种种败坏包含了各样性犯罪，例如兽交、手淫等各样反常的性行为。另外一处是犹大的儿子珥和俄南，犹大的儿子与妻子非正常性交，甚至性交中断。珥和俄南的行为正如大洪水之前的人类，为放纵性行为。根据权威注释，十诫中严禁通奸的诫命，自然也包含严禁手淫等非正常性行为。这是对西奈之前就存在的禁止性诫命的重申，是人类承担责任的体现。另外，很多伟大的先哲们透过非正常性行为，预见了性犯罪，因此在接受西奈诫命之后的继续犯罪，必将受到严惩。同样，无效射精也包含在诺亚律法有关严禁不道德性行为的总纲之下。即便我们认为无效射精不属于性犯罪的范畴，但也是不道德行为，在道德上无法自圆其说。手淫等造成的无效射精不属于正常性行为。有评论认为，从禁止手淫的规定中我们可以认为，手淫属于自我通奸（自我不道德性行为），个人不是自己的合法性伴侣，本质上，性行为只能在男性与女性之间产生。

乱交

　　婚姻以外的性行为，为圣经严厉禁止的（如上面所提到的通奸、兽交、同性恋等），从婚前性行为直到卖淫，都在禁止之列。

　　圣经最早记录婚前性行为的，为"希末人，哈抹的儿子示剑，见雅各的女儿底拿漂亮，就拉住她与她行淫，玷辱她"。随后才想要与底拿结婚。示剑为此受到惩罚（当地人的教唆，以及没有及时制止其犯罪）。有观点认为，示剑的行为等同于"偷窃"（引诱未成年人，因为底拿还未成年，所以示剑的行为不可接受），但没有明显的性侵，因为底拿还未结婚。根据此种论点，婚前性行为不在禁止之列。

　　但其他的观点认为，示剑的行为涉及犯罪。因为人类不道德的性行为，才导致了大洪水的惩罚。为此人类社会制定了严格的规范，禁止婚前性行为，对婚前性行为应该惩治。针对此观点，目前还有争议，主要是在与未婚女子发生性行为时，是否还有暴力胁迫因素存在；但是即便没有暴力胁迫的成分，婚前性行为在任何情况下都为诺亚律法所禁止。卖淫，无论男女（即使当事双方未婚，也不考虑通奸问题），都是对性接触持开放态度的极端例子。根据第一种观点，诺亚律法未禁止卖淫，但根据第二种观点，诺亚律法严禁卖淫。

　　从律法的基本要求来衡量第一种观点，无论是婚前性行为还是卖淫，都在禁止之列。出于多种原因，性滥交不可取，在道德上也不可接受。因此，要努力克制婚前性行为的冲动，也不可卖淫（买淫），要加强道德训练，这是对圣经禁止性诫命的遵行与防范，比如对通奸等行为的防范。

　　第二原因是，伴随着乱伦的危险，由此而生的孩子会混淆了自己的血统：假如人把自己未婚的女儿留给任何一个想和她发生关系的人，这必将导致不道德的事充满世界，其结果是父亲娶女儿，而兄弟娶姐妹。女子若怀孕生子，必不知道自己的父亲是谁。

　　准确地说，圣经禁止婚前和婚后性滥交，主要基于亲子概念的基础，以此决定血缘关系，而滥交则带来了亲子关系的混乱。我们应该拒绝滥交，清晰血缘传承（父亲就是生父），由此才能在一定程度上提升社会进步。例如现代社会，禁止兄弟姐妹之间和其他父系关系的通婚。

　　另外，性滥交和婚前性行为削弱甚至是反对婚姻作为一种相互承诺的概念，是对婚姻的排他性和婚姻义务、责任的忽视。滥交导致了一种连续性关系，从没有同居的个体到同居而没有婚姻承诺的个体，所有这些都印证了一句俗语："假如你有牛奶，为什么还要买一头奶牛呢？"

性道德的安全观

　　有许多办法可以使自己远离不道德性行为并持守诫命。远离那些肆无忌惮的人；同时，避免不与异性有身体接触；不可将目光长时间盯着异性，不可有不道德性幻想；远离那些色性杂志和色情影视。

　　公义的诺亚后裔应该远离声色犬马之地，也不参与其中。哪些场所为声色犬马之地？我们在第六章有过论述。如何远离诱惑？要回答这个问题，涉及是将诺亚律法视为具体的诫命，还是将诺亚律法视为一般的律法范畴？但无论哪种观点，都涉及律法中的具体细节条文。根据第一种观点：这是基本的原则，但没有具体的圣经原则指导，告诉我们应该采取哪些预防措施。第二种观点认为：律法包含了相关的诫命条文。但所有的观点都同意：作为诫命的一部分，不可触碰禁止性诫命的红线。同样的禁止性诫命也体现在 613 律法之内，这是在西奈山交付以色列民所必须遵行的，613 诫命包含了诺亚律法中禁止不道德性行为的律法规范。

　　根据第一种观点：应该采取相应严格的措施以预防不道德性行为的发生；正如传统所指明的那样，保持谨慎和谦虚是非常必要的。

第 10 章　公义

概览

重审
4. 惩处
精神行为能力与责任
对事实与律法的无知
强制执行的条件
其他方式的违法
惩处的形式

1. 简介

公义与客观

　　诺亚律法的宗旨在于以六条原则性总纲及其细节，来判断个体的行为规范。我们注意到，社会根据他们民族的需要、特征、气质和风俗习惯等，制定了相应的法律体系，以此为社会技术、行为、管理等提供服务。同时，这些法律必须在神圣的诺亚律法的框架内运行。诺亚律法的公义，同时也涉及对律法的积极执行。不同于诺亚律法神圣的永恒性，人类社会制定的法律体系会根据社会发展状况而有所改变。

　　诺亚律法的公义不仅针对法官本身的审判不公，也涉及其他司法体系本身的不公，以及对合法机构、官员、警察、法官和政府的反抗和叛乱。因此，诺亚律法严禁蔑视法官，不可反叛合法政府。

　　诺亚律法体现了两种公义观，首先，也是基本的观点，是建立公义的审判系统，以诺亚律法的六条总纲原则衡量人们的行为，使人们远离犯罪，以免触犯诺亚律法。这种观点特别关注司法程序的公义与公正，但把程序公正的细节设计留给社会；当然，前提是细节的设计必须与诺亚律法的普遍原则相一致。

第二种观点与第一种观点在两个方面有所不同：首先，诺亚律法的公义与公正不仅涉及建立公义与公正的司法系统，而且涉及一整套的司法程序和民法内容的实体法。个体社会的立法原则和司法实践与第一种观点必须保持一致。其次，针对实体法，无论是审判程序还是民法，在本质上与犹太法完全一致。除此之外，圣经对犹太法另有部分特殊的要求。针对实体法中民法的内容，在诺亚律法有关禁止偷窃和财产损害的章节中已经有所论述。因此，本章讨论诺亚律法的程序公义与公正。

针对司法系统，上述两种观点设计了两种不同的司法客观标准，或者说是两种不同的司法等级。第一种观点设计了一种基本公义与公正的客观性标准，这种客观性标准具有足够的灵活性，可以使基本的社会秩序处于"丛林"之上；以彻底杜绝"人相食"的状态。这种基本的司法设计主要目的在于预防社会崩溃，例如杀人和抢劫。这套司法体系不仅适用于一般社会危机，而且也持续适用于社会中的破坏性因素，这就需要强有力的控制与威慑。针对有罪认定，这套司法体系无需很高的确定性，其主要功能体系落实在禁止之上。当施行惩罚时，将会对违法者采取严厉措施。这是切实可行的公义与公正，可以确保社会秩序的稳定性。

第二种观点具有很高的客观性。体现出社会"信心"，采用更严格的程序标准和被证明的证据，以保证惩罚的合理性。此种司法体系体现了更高的确定性标准和社会自信。

虽然诺亚律法的基本原则与第一种观点相一致，但绝大多数现代社会已经采纳了第二种观点的许多原则构想，因而很多国际的立法具有诺亚律法的基础原则。然而，即使在这些社会中，在社会秩序面临崩溃或重大内部威胁发生时（比如恐怖主义滋生），更高标准的司法体系也可以暂时终止执行（译注：比如实行军法管治或紧急状态法）。在恢复社会秩序所需要的足够时间内，社会可以采取基本公义与公正的司法标准。当社会恢复到较高秩序标准时，可以、而且应该立即恢复第二种观点的部分或全部原则，朝着更加确定而严格的公义与公正的标准前行。上述两种有关公义与公正的观点区别，将在论述司法机构或律法等级时详细展开。

正义：积极与抽象

正义也许只存在于最完美、最理想的社会（乌托邦）。除此之外，人类社会不仅需要法院和司法体系来实施法律，更需要国家雇员来执行法律。警察（在极端情况下，甚至有可能出现武装部队的介入）和那些执行惩罚的人都具有这样的角色。他们都是国家行政的代理人，在法律上代表着"国王"或"政府"。国家权利具有行动的性质，依法推动、维护并在必要的时候恢复社会秩序。公义与公正需要执法的辅助。

同时，更为主要的是，正义不仅是行动，而且是判断；因此，正义与法律的实际执行并不相同。一个重大的历史性问题是，正义的审判职能是否以及何时必须与正义所需要的执行职能分离。在现代，这个问题由"独立司法"的概念所提出，司法独立于"国王"（或者司法不再是政府执行职能的一个部分），虽然国王或政府之前也具有司法职能。诺亚律法规定了法官应该被任命，但没有排除君主、总统、首相参与司法职能的可能性。在特殊情况下（最有可能发生在社会失序的两个极端，或者发生在真正的伟大领袖比如所罗门王）要求司法必须体现领袖的正确判断，而不是行使常规的执行职能。但是将政府的执法与审判职能分开，并赋予不同的人，是普遍而实际可行的，但在诺亚律法中这并非不变的原则。必须要有法院，但国家领导人是否可以参与法院审理，则必须面对全社会公开。

　　在社会崩溃的情况下，执法与司法之间的关系问题就产生了。这种崩溃要么是因为不能有效控制国家机器；或者是因为国家腐败，对本国公民或其他公民不能严格执行正义。那么，对于个人而言，如果他看到不公，是否有义务去见义勇为并恢复正义呢？或者我们是否认为，当崩溃之时，正义并不适用于社会恢复到"正常"状态，或者"正义"只有在社会秩序与司法机构有效运行时，正义才能存在？另外，正义是否不仅仅只是一个积极的要求：但审判－裁定以及法律的适用－也同样是消极的：仅仅是阻止非正义的蔓延。又或者，正义只是抽象的概念，认识法律，按照法律施行审判；虽然强制执行是必要的，但强制执行也是次要和外在的；什么是正义的基本核心？在有司法制度的地方，才能执行并维护正义，而在没有司法制度的地方，就不能执行并维护正义。还有，个体存在的目的只是为了生存（预防对自己或者对第三方的攻击）？

　　第三，也是更加具体的方面，在某些情况下，罪行的证人（特别是已经被定罪）也可以作判断（惩罚）。假如正义要求在社会崩溃的情况下采取果断行动，以制止不公的发生，那么行动的紧迫性（不仅指审判的宽大标准）可能要求目击证人对罪行的发生做出判断并在必要时，及时惩处罪犯。但根据第二种观点，在正常社会状态之下，证人不能擅自执行正义。

　　这两种正义的不同观点，体现在对圣经叙述事件的不同论注之中。例如雅各的儿子们对待示剑的方式：示剑诱拐底拿，而示剑全体百姓没有施行正义的判断，没有及时阻止示剑的犯罪，因此示剑全城遭到雅各儿子们的惩罚。按照第一种观点，"示剑的行为如同窃贼，而且示剑全城百姓都知道此事，属于目击证人，可是无人出面阻止。"示剑全城的人都看见，并知道有罪发生，但没有及时制止。

　　第一种观点指出：审判涉及对司法人员的任命，其消极的一面其实就是"对人们的警告"，不允许人民擅自执行正义。但在法院失效的前提下，或者政府无法的情况下，比如示剑，那么个人有代行正义的责任。个人看见或者明知犯罪发生，却无所作为，对罪恶放任自流，则等同于犯罪。有关正义，包含了用法律来恢复和重组社会秩序的具体行动，有时需要证人成为法律的执行人。该种观点对示剑事件作了全新的如下解读：假如有人看见违法犯罪正在发生，而没有及时制止，那么他也将因自己的不作为而受到惩罚。

　　第二种观点，针对政府和法院失效的情况如何维护正义，没有给出具体的指导。基于此，要求示剑人起来指出领导人的错误是不切实际的，也不能因为示剑人没有这样做而受到惩罚。正义包括了在有序社会中对适用法律的认知和裁决以及对法律的积极性推广。况且，制止犯罪或强制执行法律的消极任务只能在法庭判决之后，而且是次要性的行为。另外，在没有法院判决的前提下，也无法实施强制执行。因此，第二种观点将证人与审判的职能做了明确区分。其原因是，假如没有证据和判决的分离，正义的客观性就会受到损害。只有在证人目击犯罪行为的证词下，法官才可以依据最初的证词做出裁决，但是对最初证词的印象与直觉可能导致法官无法充分与案件保持距离，从而难以从其他角度考虑犯罪行为的动机。因此审判必须独立、冷静和客观。

　　社会可以超越第一种观点的基线而上升到第二种观点的更高标准，从而使社会秩序更加稳定。这一思想反映在一位伟大的世俗法学专家的著作之中，他就是威廉·布莱克斯通（William Blackstone: 1723—1780，英国 18 世纪法学家）。在《英格兰法律论注》中，他对人类社会的组织形态做了两种区分：纯粹自然社会和文明社会。在纯粹自然社会中，社会秩序是无序而混乱的（例如示剑）；而文明社会则是先进的、稳定的，有着良好的社会秩序。针对纯粹自然社会，他采用了更为基本而积极的司法形式，类似于第一种观点。针对文明社会，他给出了正义的标准，与第二种观点相似：

　　显然，惩处违反自然法罪行的权利（自然法即为神圣普世律法），就像是谋杀及其他类似的事，是每个人天生的权利。因为总有一天，厄运会临到你；假如没有人执行自然法，自然法的正义将是徒劳无益的；如果执行自然法的权利属于任何人，则自然也就属于全人类；因为所有人在本质上都是平等的……在一个（有序的文明）社会中，这种权利从个人转移到主权手中，人们各司其职，其安全由法官提供保护；因此，个人无论拥有何种权利以惩罚违反自然法的罪行，现在这种权利都属于地方法官，他是全社会公认的正义之剑的持有者。

个人正义

　　正义的范围如：作证、审判、惩处等应该交付给社会并赋予专职人员去执行正义的使命。不能履行正义的职责也是对诺亚律法的违背。由此，我们注意到，根据第一种观点，因为正义没有得到伸张，所以示剑全城的人为此受到惩罚。但为什么只惩罚示剑人呢？

　　根据第一种观点，正义的基本而重要的功能之一就是制止恶行。在国家和法院缺失的情况下，每一个犯罪的"目击证人"都有责任挺身而出，并在必要的时候对犯罪行为施行审判。这就解释了为什么示剑的男人没有把他们的首领绳之以法而受到惩罚的原因，而不是示剑的妇女受到惩罚；正义要求示剑全城的人对他们的首领行使武力。女人天生就无法具有男人的力量，尽管人们对女人是否应该在防御战争中挺身而出存有不同观点，但女人没有伸张正义的责任，也不会因为没有伸张正义而受到惩处。

　　诺亚律法对此做了进一步的阐述，即使在有序的文明社会，司法必须通过法院执行，人也不能单凭一名女性证人，或一名女性法官的单独判决而被惩处。在诺亚律法中对此有详细解释：一方面界定了男性的角色，另一方面界定了女性的角色。

诺亚律法的基本原则规定，女性，而不是男性为家庭关系的决定性因素。因此在早期人类社会，父亲和他的后代之间并不存在父权关系，因为男性有着滥交的特性。后来，在诺亚律法的约束下，才由血缘决定父系，因此单独来自父系或母系的兄弟姐妹不可结婚。也就是说，最初的血缘是由母系决定，而不是由父系决定。

不仅在法律意义上，女性是家庭的主要决定因素，在传统上也被理解为家庭的精神和情感基础。女性在孩子的养育、价值观教育和家庭建设方面发挥着主要的作用。同时女性在情感方面也比男性更加宽泛、更加全面地接纳家庭所有成员。情感的流动转化为移情，女性的能力在于暂停判断，并形成与家庭所有成员的共情纽带；因此女性具有特别的能力维系家庭的整体。女性更多地需要耐心地说服，因此女性非刚性的判断和她的情绪的灵活性，使她更有能力维系家庭度过其危机和冲突。

另外，在司法过程中，证词和判决的功能都需要一种冷静以及对情绪的控制。其中一个原因就是对犯罪或受害者的情绪可能会影响对真相的识别。男人并不比女人聪明，而且传统赋予女性更多的"出众的分析能力"，女性也比男性更具有分析能力。但是正义需要在感知和情感上的平静。不变的勇力虽然是人行使正义的力量，但也是家庭生活的弱点，柔弱和同情是女性在家庭生活中的长处，但是司法上的弱点。然而，最后，不管是否理解，这些证词和审判仍然是神超然智慧的法令彰显。有争论认为，取消一名妇女作为唯一证人的资格（当判决完全取决于她的证词而没有任何其他确证时）或取消一名法官的资格，只适合用于涉及死刑的特殊情况。在罪犯生命不受威胁，只涉及罚金、损害赔偿、监禁、甚至体罚等其他形式的惩罚时，社会可以通过公约或立法，同意接受女性证人或女性法官。

当代世俗女性律法学者和教授苏珊娜·雪莉（Suzanne Sherry: 宪法

学教授,注重于联邦法)就谈过,男女法官在司法审理中有着不同的"模式"。她赞同并引用这样的描述:与男性相比,女性更倾向于在语境中解决争议,而不是如男性般抽象地分析:因为问题不能脱离其产生的环境。与此相反,男性通常通过抽象权利和普遍的规范来解决争端。她谈到:"男性关注于对个人权利的保护,而女性专注社区"。男性与女性在判断模式上有着不同,这种不同体现在刑事案件的审理中。她写道:"保护刑事被告的权利可以看作是对社会的伤害,其主要依据是至高无上的权利观"。虽然雪莉希望鼓励这两种模式对社会的价值,但诺亚律法可以从她的论点中发现她对死刑的立场。女性有着赋予、养育、和保护生命的天性,因此她们在家庭的各个方面获得了突出的成就,她们具有更大的主观性和同情心。男人更多的是赋予了夺取生命的悲惨使命,因此在社会上,无论是威胁或实施极端惩罚;还是在战争之中,男性都更加客观和冷静。

当我们要剥夺刑事被告的生命时,我们谈论的是人类最伟大的"人权"。然而,人权神授,人类的生命属于至高者 神;只有冷静地重新审视神圣诺亚律法所规定的"抽象权利与普世规范",才能决定是否将罪犯处以死刑。死刑的限制性案例可以理解为"男性模式"的领域。因此,如前所述,在不涉及死刑的前提下,社会可以同意女性证人和女性法官对案件做出审理和裁决。

因此下列证人和法官的章节可平等地(性别中立)适用于男性与女性,在这些讨论中不涉及死刑以及社会变化所带来的男女参与司法的过程和司法执行。在诺亚律法中,正义的讨论涉及每一个司法机构:证人证词;法官审理;惩处的执行。这些都是诺亚律法的基本正义观点,即上文所述的第一种观点。同时也涉及第二种观点(更为严格的标准),如上所述,都在各自的观点中有详尽的表述。正如所知,在许多方面,更高的正义标准(第二种观点)已经部分或全部被社会接受,且更具有约束力。

2. 证言证词

证言证词所应具备的条件

　　审判的前提建立在证言证词之上。以下所列规则为证言证词所能采用的最低要求：即便没有其他因素或信息可以保证证言证词的真实性，也就是说属于孤证，在有其他因素或旁证的前提下，保证"伪证"的可能性为最低，那么，根据"法律和秩序"的迫切需要，孤证也可以采信。

个人提供证言证词的责任

　　证人有义务出庭作证（即便没有被法庭传唤，也有义务出庭作证，这乃是为了伸张正义）。从示剑居民所受到的惩罚中可以看出，他们没有将他们的王子绳之以法，因为"他们看到了，知道了，但没有将他绳之以法"。第二，最基本的观点是，有作证的义务，作证也是犹太戒律中的程序法之一，诺亚律法与之一致。

　　在司法框架内，对个人有着更为宽泛的禁止，禁止以任何方式使他人违背律法，而且人必须尽其可能阻止他人的犯罪。尽力阻止他人犯罪，既是理性的要求，也是西奈传统中的诫命要求。维护正义的使命和义务需要从儿童的教育开始（家庭教育和学校教育）。

禁止作假证

　　圣经严禁作假证，诺亚律法同样也严禁作假证。根据第一种观点，严禁作假证为理性原则之一。根据第二种观点，严禁作假证同样与犹太法重叠。同理，也不可起假誓言，誓言应该有特定的场所。有论注认为：

凡作见证者，有责任与义务在真实、确凿、可靠的基础上将所知道的如实说出来。作见证，而不是从结果（必然结果）中推断，见证必须依赖于事实，这些事实是正常、健康的意识所显示和教导的。

证人的数量

即便没有任何旁证或其他因素以保证证词的真实性，一名证人的证词也足以可以用来支持重刑判决——死刑。但在圣经的教导以及犹太法典中，证人不得少于两名。

证人的资格认证

证人不一定能遵守诺亚律法的全部条款，只要其证词真实可信，依然可以采信。假如证人的言行举止使人怀疑其在撒谎（无论是否有过起誓），例如暴力犯罪或小偷，其证词将不被采信。但是，只要证人清楚理解律法中有关流血与假见证的条款，其证词将被采信。这是证人证词采信的必要前提条件（还有其他的必要条件）之一，即便没有其他旁证支持，证词也将被采信，如上所述。

另外证人必须心智健全，语言或听力受损不属于心智不全（可以作为证人）。

证言证词是司法正义的一部分，在所有诺亚律法的原则中，儿童免责，所以儿童同样也免除证词证言的责任。儿童的证词证言在没有确凿旁证的前提下，将不被采信。儿童的证词证言之所以不能采信，是因为儿童不能有效承担责任（在需要作证时需要宣誓，以充分了解宣誓的严重性）。儿童的定义参见下一节（年龄与成熟度，心理能力与成熟度）。

证言证词的审核与采信

根据第一种观点，在紧急情况下，证人可以直接代行法官之职，对罪犯实施惩罚性措施，而无需对证言取证和交叉认证（如对犯罪时间地点的取证等）。根据第二种观点，诺亚律法与犹太律法在很大部分上都是相同的（除了圣经对犹太法的特别规定与要求之外），因此对证人的认真审核也适用于诺亚律法。取证并不意味着对犯罪行为本身和犯罪行为发生的时间和地点的怀疑，与事实无关的相关证据即便有矛盾，也不会使证词失效。

偏见与自证其罪

在诺亚律法框架内，证言证词与诉讼当事人有关，至高者 神在西奈将律法赐给了以色列人。那些（特定的、特殊的）近亲，不能成为证人，这是圣经中的普世原则。亲属不能成为证人并不是出于偏见，而是因为亲属为当事人一方，对当事人另一方会产生不公，假如证人是当事一方的朋友，或者是当事人另一方的仇人，将被取消证人资格。

证人首先必须具备理性与公正原则，涉及当事人利害关系的证言（译注：指非基本事实陈述，而是带有一定的情绪和攻击性语言的证词），将不予采信。

在犹太律法中，人不能在刑事案件中自证其罪是禁止接受当事人亲属作为证人的延续。假如当事人是与"自己关系密切"的亲戚，亲戚不能成为证人，个人自证其罪也就不能采信。假如诺亚律法接受当事人亲属的证言，那么个人的自证也将被采信，当事人也可以自证其罪（译注：自证其罪不是自首，而是因各种目的，为他人顶罪）。

另外，即便是按照第一种观点，人也不能用自己的证据来证明自己有罪。这种观点后来被广泛采纳，即自证其罪不属于证据范畴（也不归为亲属证据的范畴）。对自证其罪的，不能草率定罪，尤其是在面临惩罚的情况下，不接受自证其罪是适当的；虽然惩处可以使人承担损害责任和经济赔偿。尽管自证其罪有着各自不同的动机和不同的情况，但法律将会慎重审理。

3. 审判

审判法官的核定人数

有多少法院和多少法官比较适合于对正义的维护呢？根据第一种观点的基本要求，每一个行政区域至少要有一所法院。按照第二种观点，每座城市至少要有一座法院。

按照诺亚律法的观点，一位法官可以承担众多案件的审理工作，包括死刑，但增加法官的人数将会公开更多的案件事实，从而有助于做出更加客观的判断，但并没有强制性的要求。假如社会接受让更多的法官参与案件审理的严格要求，或者在更高一级的法院拥有不止一名法官，案件的判决将会采用多数表决制。

审判法官的资格认证

作为诺亚律法所规定的正义执行人，法官必须十分通晓诺亚律法以及其他的主动性法规条文，而且社会已经执行与诺亚律法相一致的法律体系；这也同样适用于立法和执法机构。假如法官对律法原则不熟，或者对律法的原则理解错误，不但不能担任法官，反而会成为邪恶的工具；假如法官不能正确按照律法的原则审理案件，则必须辞职，而不是与诺亚律法原则相悖地施行裁决，无论这种相悖来自政治权力的干涉还是有其他的来源。

当对案件审理出现疑问，对诺亚律法的适用条款有不确定之处时，只有那些完全继承了西奈传统的人，才能做出合乎律法原则的判断，而诺亚律法就是西奈传统的一部分。

法官和其他人一样，不可对诺亚律法做出"创新"（增加或删减律法条文），圣经律法的传播和解释都必须依据西奈传统。不同于对诺亚律法的理解所产生的不同观点，社会根据自身具体情况制定法律规范，无需声称是圣经律法的一部分、无需声称是诺亚律法的一部分，只要不与圣经原则相抵触即可。此外法律的严肃性可以通过立法和提升律法水平来支持诺亚律法的普及与执行。正如我们在第六章"文明与西奈"中所谈到的，对诺亚律法的传承与修改取决于社会的接受程度。

贿赂

与第一种观点相一致，在诺亚律法中，法官将会因为受贿而受到惩罚，受贿是对正义的曲解，而不是为了迅速做出清晰和正确的判决。

另外根据第二种观点，在任何情况下都禁止行贿，即便是为了加快案件的正确审理，即便行贿没有造成对司法审判结果的扭曲，也不可行贿。

许多律法系统都采取严格的措施，一旦收受贿赂，判决将被宣布无效（无论其目的是扭曲正义，还是加快正确的案件审理）。这与第二种观点对诺亚律法的理解一致。

面对亲属、朋友与敌人的审判

　　根据第一种观点及其基本原则，并不禁止法官在审判亲朋好友或敌人时，带有好感或者敌意。尽管如此，依然有合理的原因对此做出某些禁止性措施（即便是第一种观点，也有不适合之处）。不同于许可当事人的亲属或仇敌作为证人，审判法官假如带有偏袒或者敌意，会使审判的结果受情绪的影响而有失公正。根据第二种观点，诺亚律法与犹太法相一致，当事人与法官有亲戚朋友关系或者当事人为法官的仇敌时，法官必须回避对案件的审理。因此在现代社会中，司法审理体系必须采纳第二种观点，以建立法官回避制度。

面对恐吓

　　根据第一种观点，我们没有发现诺亚律法中明确提及圣经的原则："在审判时，不要惧怕任何人"。由此，即便案件还在审理过程中，针对某些"强人"的案件，法官可以申请退出。有人认为，根据第二种观点，在面临危险的情况下，诺亚律法的法官必须表现出对正义的忠诚以及对邪恶无所畏惧的勇气。但根据第二种观点，是否需要法官具有某种程度的自我牺牲的勇气，尚值得讨论。

平等对待诉讼双方

　　平等对待诉讼双方可以确保双方充分表达各自的意见，法官也可以充分了解诉讼双方的各项申诉。平等对待诉讼双方的原则确保了案件审理的公正，这是正义的理性原则。根据第一种观点，本原则属于禁止性原则：法官和法庭不应该使诉讼当事人处于非常不利的位置。根据第二种观点，诺亚律法的程序法与犹太律法相一致，因此应该更积极地确保诉讼当事人的平等。然而这并非要求法官采取特别措施，例如要求当事人身穿同样的衣服，以使任何一方都不会因为另一方的地位高而感到拘束。

平等对待诉讼双方包括不给予富人、有权势的、或者名人以任何特殊对待，也不给予穷人特别的同情。对待诉讼双方一视同仁，没有任何区别，即便是曾经犯过错误的人，也应该平等对待。同时法官必须努力消除那些限制诉讼能力、或者会使当事人失望、削弱其主张和维护其权益决心的障碍。

关键是，诉讼双方都应该充分提出其诉求，任何妨碍诉讼双方提出诉求的障碍都应该被移除。曾有一位著名的法官认为：法律和法庭的有偿收费是当代司法制度上的最大污点，收费制度不利于较为贫穷的当事人。因此，社会应该为穷人提供司法援助（免费或者政府补贴），额外的诉讼费用支出可能会使穷人无法继续自己的案件，因此应该对额外的诉讼费用采取限制性措施（比如审理按期完成，不可无故拖延等）。

诉讼双方的诉求，应该在诉讼双方在场的前提下提出，确保自己的诉求为另一方所知晓。

举证的标准程序

在没有矛盾的、可靠的目击证人的报告前提下，所有的证据都是间接的：是从强烈指向一个结论的环境（围绕所要讨论的行为）中推测出来的。尽管对举证过程有诸多的讨论，但诺亚律法的基本原则（第一种观点）是，对违背律法的行为进行最严厉惩罚必须基于该行为本身的目击报告。

重审

当案件裁决之后，或许会有新的证据或争论出现，从而促使案件的重新审理。当一个人被判有罪之后，随着案情出现新的变化，有可能需要对案件施行重审。同理，假如有新的证据证明此人有罪，即使在宣告无罪之后，也可以重新审理。这是合理的要求。

犹太刑法的原则是，只有在定罪（而不是无罪释放）之后，才能重新开庭审理。有重要的评论家将这一观点与犹太律法结合，认为在刑事案件的审理过程中，排除所有的间接证据。因为二者都与一个共同的原则有关：

神需要我们寻求被告的每一个优点（辩护）。或许他已经为自己做过的坏事悔改，他仍将与那些为世界的有序生活做出贡献的人在一起，因为这是至高者 神的意愿。

根据对第一种观点的主要解读，诺亚律法排除了死刑案件中对间接证据的采信，这也可能符合犹太律法中不允许对无罪释放的人再重新审理。理由是：对被告的任何质疑都应该被用来帮助被告获得无罪释放。

4. 惩处

精神行为能力与责任

孩童免责。因为孩童还不具备完全受律法约束的能力和心智成熟度（以及相应的责任能力）。一个人根据法律承担义务和责任的阶段是否以达到某种特定年龄为标志，这是有争议的：男子 13 岁，女子 12 岁；

或者根据实际成熟程度而变化，实际成熟程度可能是个体的，也可能是受社会和历史条件制约的平均责任年龄。有人认为，第一种观点（即男孩 13 岁，女孩 12 岁）为诺亚律法的基本原则。同时社会也可以根据具体情况，另行制定不同的、承担律法责任的年龄标准。

精神错乱和精神缺陷可以免除法律责任。意识不健全意味着承担法律的责任较少。在西奈传统中，当然也存在非常特殊的情况，比如被动的激情犯罪，可以减轻他或她的责任。现代术语称这种状况为"间歇性神经症"（指间歇性歇斯底里）。

对事实与律法的无知

对事实与律法的无知可以免责。假如一个男人错误地与另一个男人的妻子发生性关系（两人都误以为对方是自己的配偶），则二人免责。明知律法禁止而一意孤行的，作有罪认定。但有两种情况属于例外：其中之一在下一章"谋杀"中展开讨论。过失杀人需要承担责任；对他人财产造成损害的，即便是无意的行为，也要承担责任。因此律法是"必须学习的法律"，没有理由对律法无知。从理论上说，这适用于诺亚律法的所有禁止性诫命，无论是从人际关系上，还是人与神的关系上，对律法的学习都是必需的。人与神之间律法关系不像人与人之间的律法关系那样具有明显的特征（谋杀、偷窃、司法正义），假如社会没有将律法知识教导大众，对律法的无知就会成为肆意犯罪的借口。特别是社会媒体和教育机构对性道德的误导，具体参见第九章。在有些属于人与神之间的关系范畴中，借口是很容易找到的，而且在当代社会，对神的信仰和尊重也很少受到重视。

在当代社会，"理性"本身也受到了社会习俗和立法的腐蚀，在禁止杀人等基本人际关系的某些律法方面，不了解诺亚律法，被认为是可以原谅的。比如社会立法的"流产的合法化"。也就是说，在没有任何理由的前提下，官方允许在怀孕的某个阶段可以堕胎。在这样的社会中长大的孩子，会被灌输一种信仰，即对禁止杀人的宽恕。孩子能从这样的社会学到什么呢？

强制执行的条件

明知禁止，但又想行，或者被迫去行。这可能是处在被胁迫之下，生命受到威胁。或者虽然可能会违背诫命，但却可以从危机之中挽救一个人的生命，比如盗窃或者破坏某人的财产，但确实可以挽救其生命。在诺亚律法中，根据上述具体情况可以实行免责（但行为人必须要有赔偿的准备）。唯一的例外是禁止谋杀（例如杀死无辜的人或者杀死自己），我们将在下一章"谋杀"具体论述。但是即便处于胁迫之下，也不允许杀人（这不属于自我防卫）；假如在胁迫之下被动杀人，则必须为谋杀承担部分责任，而不是全部责任。

其他方式的违法

例如，针对指使或雇佣（煽动）他人共同违背诺亚律法，有违法责任与处罚责任的区分问题，显然主使者应该承担主要责任。与犯罪现场参与事实犯罪的人相比，那些在远处从事犯罪策划的，同样也构成共同犯罪。针对最为严重的谋杀犯罪，在传统中有一个惯例法，就是主犯与从犯具有同等责任，但这并非是决定性裁决。

有评论认为，即使按照最基本的观点，也应该把主犯与从犯的责任区别开来。比如在盗窃案件中，盗窃罪的从犯当然不像主犯那样负有同等责任。其他犯罪案件的审理也同样如此，将主犯与从犯的责任作区分。

当然，任何形式的煽动或诱导犯罪都是被严禁的，并可由社会酌情处罚。

惩处的形式

人类被造的目的是通过实行诺亚律法来侍奉造物主，实现造物主创世的计划。因此，对于违背诺亚律法者，可以执行死刑。从理论上说，人类被造的目的或者原因，是要按照神圣的律法原则生活在世界上，因此，人才得以实际存活。

同样，从理论上说，死刑也适合于任何违背诺亚律法的行为。因为诺亚律法所有的原则条款都在各自的领域内维护着世界的安定，防止社会崩溃和野蛮。偶像崇拜、亵渎神、淫乱、盗窃、谋杀、对正义的歪曲以及对动物的残忍等，放纵到一定的程度之后，必将带来社会文明的瓦解。

死刑的执行也适用于社会所采取的比诺亚律法更加严格的立法。对于违背社会理性法律授权的行为，也可以主张适用最高刑罚。所有这些都构成诺亚律法的一部分，与维持社会秩序和稳定有关，社会可以判定谁违背了诺亚律法，谁是社会稳定的"追求者"。正如有人试图摧毁他人性命时，受害者或者第三方可以行使正当防卫权，将加害者处死，因此，假如个人行为对社会、生命造成破坏，可以执行死刑（即便是社会制定的实证法，也是如此）。

死刑的概念从理论上说，是由于人丧失了存在的理由。这一概念在诺亚律法中以死刑的基本形式体现出来，死刑的执行过去通常以斩首的方式执行（用剑或者断头台）。犹太（或者非犹太）君主根据诺亚律法的基本原则，在需要的时候予以执行对罪犯的死刑。对地上正当主权的反抗，同样也是对天上的主权反叛，两者都将受到严厉惩罚。反叛国王，国王有权处死叛乱者，而（理论上）国王处死叛乱者的方法就是砍头。

当然执行死刑并不限于砍头。

诺亚律法的权威性观点认为，虽然违背诺亚律法可能面临死刑判决，但死刑并非最严重刑罚。因为惩罚的主要目的在于威慑。因此，当社会发展达到一定的道德和秩序水准之后，可以而且应该以较轻的刑罚取代死刑。但社会仍然需要以死刑作为威慑手段，即便违法行为并不是非常严重。死刑有存在的必要，某些犯罪行为十分可恶，一个稳定的社会需要通过死刑来表达对犯罪的厌恶。

社会越稳定，越能在定罪后通过较轻的刑罚发挥作用，从而为个人的彻底康复打开大门，使他们为社会稳定做出贡献。社会越是稳定，认为人们是社会秩序的次要工具、当个体犯法之后将被简单地"移除"的这种看法就越少。社会对犯罪的威慑以及个人的康复必须共同做到最大化，以便使更多的人能够为至高者 神所希望的世界秩序做出贡献。

第 11 章　谋杀

概览

1. 简介

谋杀的严格界定

许可和授权的谋杀

2. 谋杀对象

独立个体

胎儿

重症患者

临终之人

3. 杀人目的

犯罪动机和杀人行为

死亡原因

4. 自杀和自残

自杀

自残

5. 自我牺牲

自杀与自我牺牲的不同

自我牺牲的理由

6. 正当防卫

追捕的律法支持

防卫战争
流产

1. 简介

谋杀的严格界定

　　再也没有比杀害无辜的人更严重、对文明和社会更有害的罪行了。但这并不意味着人的生命是绝对的、在任何情况下都不能也不应该被剥夺。通常来说，杀人是非常严重的行为。诺亚律法在对待人类生存方面，主要从两方面来思考：（1）人与自然、人与物质财产、人与人的关系领域要求公义；（2）人与神的关系中的道德认定。然而谋杀的犯罪行为却剥夺了生命的存在，而上述这些关系都建立在人类生命存在的基础上。只要人还活着，他就可以在某种程度上影响这个世界——身体上的、精神上的、灵性上的，甚至是通过别人对他处境的反映。而对生命的剥夺就使得这种可能性丧失。神圣创造的用意就是：所有的生物和平地居住在世界之上，而显明神圣的特性——似神，则在人类的手中。但杀戮则导致了神圣特性的消失。传统对此有更多的表述："流血是对神圣特性的消减……为什么这样说？因为人有神的形象，人的灵魂乃是照着神的形象受造的"。

　　杀人的严重程度体现在诫命——严禁杀人的几个独特性上：首先是受害者，人要为受害者的遇害负责；根据诺亚律法中严禁杀人的诫命，杀害胎儿同样也属于谋杀。另外，即便是"不完整"的人，也要为他或她的消失负责，如同杀死独立的人一般。这里表达了一种观点：即便人类的生命缺乏自理能力，也必须受到保护。即使他或者她仅仅是人类的潜在形式，但却是更多的基础，这种更多只能通过成长和发展才会出现，而现在只是一种次要的、依赖的存在，因此需要特别的保护。当一个人面对无法治愈的疾病，或者他即将离去——他的存在没有实质性的未来，而是对他人的依赖——毁灭这样的生命，同样属于谋杀。

诺亚律法将对生命的保护和维持放在首位。

另外杀人的严重程度也是由杀人行为的主体或行为人的责任条件来衡量的。杀人属于严重犯罪，除非属于意外或不可抗力的发生，过失杀人同样不能免责。假如无意间取了他人的物品，以为是自己的，这可以免责。假如一个人并无杀人动机，却因为过失导致他人的死亡，依然需要承担罪责。通常定性为"过失杀人"而不是"蓄意杀人"。杀人为严重犯罪，因此任何疏忽导致他人死亡的，都要受到惩罚。这同样适用于案件因果关系的推定，与直接的杀人不同：无论死亡是直接行为造成的、还是间接行为造成的，比如是被子弹打死的，或者是捆绑后不得释放，因饥饿而死，根据诺亚律法，都可认定为谋杀。

许可与授权的谋杀

人的身体与灵魂并不能比他人的身体和灵魂受到更多的伤害。相反，人的身体和灵魂乃是神赐予的。因此自杀是被禁止的。任何苦难或者利益都不能促使人们去破坏这神圣的生命。与此同时，在某些情况下，维持生命的准则本身就允许或要求可以夺走某些人的生命。这些都需要以自我牺牲为前提条件，当我们明确知道身处死亡威胁之下时，无须任何理由，可以施行正当防卫权；同样为保护自己或他人的生命，可以施行正当防卫权，因为施暴者已经对自己或他人的生命构成威胁，这就是战争法的正当理由！在诺亚律法的原则中，假如胎儿威胁到母亲的生命安全，成为母亲生命的"捕食者"时，可以施行堕胎手术。

　　只有在保全生命的前提下，才能夺取他人生命。诺亚律法严禁杀人，因此，无论在何种条件下：例如禁止杀人、许可或对犯罪行为实行强制性执行，其最终目的都是为了保护与加强生命安全的原则。以下将展开详细阐述。

2. 谋杀对象

独立个体

　　人生下来，身体健康，没有致命缺陷，也没有意外死亡，因此禁止随意杀人。即便这个人，作为婴儿或者一个身体其他方面有严重缺陷的人，需要他人的帮助，他依然是独立的人。在某些极端情况之下，孩子出生后可能面临存活问题，例如早产，但杀死这样的婴儿也是被严厉禁止的。

胎儿

　　根据诺亚律法，严禁杀害婴儿，法院可以对杀婴者施行重判，审判依据直接来自《创世记》9:6："流人血的，他的血必为人所流，因为神造人，是照着自己的形象造的"。但并不意味着任何情况下都禁止堕胎（具体参见本章6，"流产"一节）。假如没有特殊情况出现，胎儿是一种从属性存在，依赖于母亲，但胎儿也有可能构成杀人罪。

　　精子与卵子结合之后，有40天的孕育期，由此有人提出问题：在

40 天之内施行流产是否会受到法院的惩罚呢？这或许可以解决流产是否可以得到宽大处理的问题，另外，在有些情况下，母亲在怀孕 40 天内，决定将胚胎用于干细胞研究。也有是否可以接受口服避孕药的问题。普遍的原则是：即使是在生命开始的阶段，即受孕不久，也不可以流产。除非胎儿危及母体生命安全。另外，胎儿畸形严重、出生后 30 天内没有存活的可能，则可以施行流产，在诺亚律法的原则下，法院对此不做出有罪裁决，但前提必须要有专家出具的病情证明。

重症患者

　　人还未死，但是重症难愈，痛苦难耐，帮助其加快死亡，脱离痛苦为禁止之列。杀死一位将死之人，虽然不如杀死一位正常人那么严重，仍然属于杀人。在此情况之下，诺亚律法将杀人者定为有罪。因此，对重症濒死之人实施安乐死将作有罪认定。从技术上说，我们在此所说的重症濒死之人指生命的维持不超过 12 个月。假如一个人并非身体受损，而是疾病困扰，而且生命的维持将超过 12 个月或者更长时间，则表明此人存在有康复的可能，更不可施行安乐死。

临终之人

　　重症难愈，在可预见的短期即将死亡之人，即为临终之人。虽然绝大多数临终之人都将很快进入死亡，很少有人能奇迹般地康复，但统计数据也有意外案例的出现。因此，杀死一位濒死之人，即便其处在垂死挣扎之际，依然可认定为谋杀。针对临终之人，不得采取任何积极措施以加快其死亡过程，包括终止生命维持系统如：停止氧气、营养、水的供应（包括停止输血、停止胰岛素、抗生素和正常的治疗与护理）。但也不意味着要对处在濒死状态下的临终之人施行积极治疗，对没有明显治愈可能的人，治疗和护理只是尽量维持和延长其生命。假如有外部因素出现，可以维持临终之人的生命，那么可以考虑移除生命维持系统。有一个传统的实例：一位临终之人的窗外传来砍柴的声音，这砍柴的声音阻止了临终之人的正常死亡过程；此时可以要求砍柴的人暂时停止手中的工作，以帮助临终之人的正常死亡进程，这是许可的。在此，你并没有干预死亡进程：试图去杀死或者移除生命维持系统，而只是移除妨碍其正常死亡的外部因素。

在诺亚律法的原则之下，为了帮助病人缓解疼痛，可以使用止疼药，即便使用止疼药可能会缩短病人的生命。但采取积极手段终止生命是被禁止而且将受惩罚。

"医生协助死亡"是指医生杀死病人的行为，其严重性不因病人的同意而有所减轻，病人是禁止自杀的；在任何情况下（根据使用方法），协助死亡的责任都属于医生；在任何情况下，医生都不能决定病人是否应该死亡。根据圣经原则：医生的职责就是救死扶伤。除非诺亚律法所规定的例外情况，医生协助他人死亡，无论是胎儿还是绝症患者，或者临终之人，都要为自己的行为承担责任。

3. 杀人目的

犯罪动机和杀人行为

通常来说，有两种类型的犯罪动机，导致了人们的犯罪行为：律法明确禁止的以及行为本身的动机。不知道杀人是错误的行为，这样的借口在诺亚律法的原则下，将不被接受。如果有什么原则是一个人应该知道的，那就是不可杀人。

　　不可杀人的律法规定有其独特之处，那就是动机。如上所述，在大多数的犯罪中，如果没有犯罪动机－比如将认为是属于自己的东西放进自己的口袋，将不会受到惩罚。但谋杀属于特殊案件：即便没有动机的杀人，也同样被认定犯罪。当有伤害他人的倾向时，加上杀人将带来的难以想象的严重后果，因此人们必须时刻提防着杀害他人的念头。故意杀人（蓄意谋杀）和意外杀人（比如车祸、斧头脱手导致他人死亡）有着严格的区别，也就是蓄意谋杀和过失杀人之间有着严格的界定。在任何情况之下，因突发的不可预见的环境因素、以及不可抗力的发生导致的死亡，可以免责。通常来说，过失杀人同样也会受到指摘，因此社会必须设立严格措施，以尽量预防过失杀人的发生。

死亡原因

　　前面提到过失杀人的案例，导致他人死亡的原因来自自己的手或者自己的工具。正如人们可以明确区分蓄意谋杀和过失杀人一样，但无论蓄意杀人还是过失杀人，其直接结果都导致了受害者的死亡，因此两者都将作有罪认定。一个人可以使用武器直接杀害另一人；也可以将他人囚禁或捆绑，因饥饿、寒冷或遭受野兽攻击而导致他人死亡。前者是直接杀人，后者是因果关系：杀人者有意或无意将受害者置于危险境地，使受害者因失去行动自由而亡于其他外在或内在因素的，在诺亚律法的原则之下，将被认定为谋杀。

　　假如雇佣杀手杀害他人，是否可以认定为直接谋杀，是否适用于同样的原则，目前还有讨论。但即便因果关系较弱，杀手也有选择权；有观点认为，凡雇佣杀手杀人的，雇佣者和杀手都将被认定为直接谋杀，因为因果关系成立，且合乎圣经原则。也有裁决认为雇佣者不属于直接谋杀，但社会可以通过其他方式对雇佣杀人的，做出其他类型的审判。

4. 自杀与自残

自杀

在诺亚律法的原则之下，自杀不被许可。禁止自杀的原则来自《创世记》9:5："流你们血，害你们命的……我必讨他的罪……"这是对全人类的宣告。无论是诺亚律法，还是之后在西奈的重申，都特别强调了不可自杀的原则。但对此原则，也存在有争论，传统认为，禁止自杀的原则具有理性的基础，因为人没有权利可以伤害自己的身体或灵魂。而人伤害自己的身体，就属于自杀。当代传统权威人士指出，在大多数决策者看来，"一个人无权伤害自己……更没有权利去自杀"。诺亚律法不仅严禁自杀，而且将自杀认定为是破坏自己和他人的有罪行为（比如人体炸弹等）。自杀是道德错误的认知，对于那些处在绝望中的人来说，他们在是否需要自杀的沉重心理负担下，面临着内心的煎熬。

自残

针对创世记中明确提及"流你们血，害你们命的……我必追讨他的罪"，有评论认为：这句话的意思是，除了自杀之外，不可自我流血。当然，也就是不可自残。无论是医疗还是其他什么理由，都不可自残。

5. 自我牺牲

自杀与自我牺牲的不同

　　自杀是自我毁灭，不具有任何法律基础（特别是诺亚律法）。而自我牺牲属于交出自己的生命，具有正当的理由。那么在诺亚律法中，有自我牺牲的正当理由吗？不用说，诺亚律法中只提到严禁自杀，没有提到其他的行为，比如"自杀炸弹"，这些案例给出了非常复杂的问题：是否允许自杀？是否允许杀死他人？这些问题都属于"自我牺牲"和"正当防卫"的范畴，我们将在下面展开论述。

　　在诺亚律法的原则之下，人不可自我牺牲。假如被暴力胁迫，例如被枪指着去偷窃或者杀人，则可以去偷窃。同理，假如因为疾病的缘故而产生偷窃的冲动，比如没有进食，马上就会饿死，那么可以在未经主人同意的情况下，先行取物食用，失物以后再归还。为保全人的生命，可以在没有其他选择的前提下不得不违反诺亚律法：毕竟违背诺亚律法的代价小于死亡的代价（译注：以违背律法为代价而救人性命，不作有罪认定），由此，上面所提及的强制性的自我牺牲案例，现在就要开始讨论了。

自我牺牲的理由

　　在诺亚律法中，只有一种情况可以自我牺牲：受到杀人逼迫。假如自我存活的前提建立在杀人的基础上，则可以拒绝执行（比如在饥饿状态下吃人肉），甚至可以自我牺牲。在传统的理性教导中，有谚语称之为："谁说你的血就比别人的更红呢"？

假如仇敌对人说："要么杀死你，要么杀死你们所有人"，在此状态下，为拯救他人而自我牺牲是许可的。但不可主动选择比如执行"自杀任务"或者作为人肉盾牌以保护他人。这与将自己主动置于危险之中是不同的 —— 甚至是为拯救他人而把自己置于危险中，毕竟危险不同于确定的死亡。比如士兵在防御战争中或者平民在保护自己或他人时而主动涉身犯险。

6. 正当防卫

追捕的法律支持

为伸张正义，诺亚律法支持追捕。攻击和击杀都是必要手段，因此杀死自己或他人都有其合理性。被追捕者可以击伤追杀者以阻止追杀，但假如击杀追捕者，则认定为谋杀罪。当然阻止追杀也是必要的义务。在诺亚律法中，假如追捕者有谋杀意图，可以杀死追捕者。但不针对其他犯罪意图，比如强奸犯。

正当防卫

诺亚律法规定，一国在遭受另一国攻击的前提下，可以实施正当防卫。正当防卫是阻止追杀的法律延伸，如果有必要，可以通过击杀追杀者来保护自己。国家如同个人，有权行使完全自卫权。诺亚律法也支持第三方防卫权：当一国侵犯他国时，第三国可以支持受到攻击的国家。另外，一国可以干涉他国内政，以阻止该国政府对本国人民的无端杀戮。

当有国家雇佣恐怖分子，或使用远程攻击性武器（比如导弹）以危害他国的安全时，不可采用常规的正当防卫模式，不能坐等侵略者的军队越过边界才展开防卫行动。在时间迫切、危险性被确定的前体下，正当防卫的概念必须扩展到先发打击和预防性战争的概念。而且防御性战争必然包括先发制人的打击：在保护自己不受伤害的整体性环境中，可以采取主动性攻击行动。同样，警察可以袭击逃跑的罪犯，因为罪犯的拒捕将会给社会带来更大的危害。

流产

追捕的法律支持延伸到支持堕胎：在婴儿从子宫出生之前，只要胎儿危及母亲的生命，可以施行堕胎。虽然胎儿属于并非自愿的"杀手"，但仍然对母亲的生命产生重大威胁，因此母亲有天然的权利阻止"杀手"对自己的任何攻击。针对强奸、乱伦或其他具体案例，根据受害者女性的心理创伤，可以在怀孕 40 天内施行堕胎。

更多有关流产的话题参考本章的 2 节："胎儿"。

不能以经济或社会为理由强制施行堕胎，比如以提高生活水平为借口，也不能为性放纵大开方便之门。以提供生活水平的借口的强制性堕胎，其实就是人类生命的价值贬低到物质生活和个人情绪影响之下。堕胎泛滥不但贬低了人的生命，是社会在生命诞生问题上的不负责任。而且堕胎反而助长了乱交并对生命安全带来更大的破坏，比如"不安全流产"。对夺取生命（包括未出生的婴儿）的宽容被称为"小邪恶"，这是对生命的贬低而不是承担教育和改造的社会责任，是对不负责任和破坏行为的放纵。

诺亚律法反对堕胎（特殊情况例外），体现了对人类社会最为深刻的规范之一：即对生命的保护。而允许堕胎同样也是出于拯救生命。

第 12 章 偷窃与财产损坏

概览

失责（因粗心大意而造成财产损失）

5. 尊重他人和他人财产

互惠

商业推广

利息

失物归还

公平

贪婪与垂涎他人财产

捐赠

爱人如己

1. 简介

经济交换中的人际关系

在本书写作的过程中，国际经济忽然遭遇了巨大的经济危机，有一本杂志对某些经济行为做了描述，并认为正是这些经济行为导致了全球性的经济危机：

你拿着别人的钱豪赌，假如你赢，你会得到大笔奖金，这就是利润；假如你输，你输的是别人的钱，而不是自己的钱，然后你就要去找下一份工作了。假如你特别聪明，像雷曼银行的首席执行官一样聪明，你就可以拿着许多钱离开赌桌了。在他担任首席执行官的那段时间内，他赢了 4.9 亿的美元现金（税前）期权以及作为补偿的股票。那时很多员工的财富都与公司的股票挂钩，但他们的财富最终都在雷曼破产的时候被洗劫一空。而雷曼的 CEO 是不大可能需要申请食品券的。

众多银行的倒闭，最终引发了全球性经济危机。而对这场全球经济危机的原因分析，都归咎为贪婪。贪婪、狡诈、以及对他人生计的冷漠导致了这场全球金融危机。而贪婪通常不被定义为是对公民社会和人与人的经济交换关系中最基本犯罪行为之一。因为贪婪不像偷窃、欺诈、损害赔偿或操作价格那样显而易见，但的确是一种更加"精致"的犯罪。从某种意义上说，贪婪是人类社会物质交换中所有一切不公不义的根源。

贪婪意味着对他人财产和生计的漠视。因此公众对贪婪的谴责代表了一种更高的经济意识，也是对他人表达最高敬意的前奏：对他人慈善与福利的积极关怀。在人类存在的物质和物理层面，偷窃是对人类财产以及人与人之间的相互关系中最为低级、最为消极的破坏性行为。

无论是否愿意，都必须尊重他人的财产所有权。一方面诺亚律法将偷窃定义为财产和可计量价值的非自愿转移；另一方面，诺亚律法也展现了最消极与最积极之间的光谱：在消极的一面，世俗社会将偷窃称为"犯罪"，因为窃贼没有征得主人的同意，就将其财物窃走，这种行为违背了财物主人的意愿。偷窃为民事犯罪（比如损害他人财物），在违背财物主人意愿的前提下，将财物从原有地方移走。在积极的一面，对偷窃行为的斥责，反映了对他人尊重的法则，最终带来对他人的爱，如同爱己。从完全否定的相互关系到完全肯定的相互关系来衡量：物质和经济关系重于财产与人的关系，从本质上说，都是人类关系的一部分。因此法律禁止偷窃他人财产、禁止诱拐他人。

相关的经济法则可以在许多不同的经济秩序中得以实现，无论是否是自由资本主义、社会民主主义、传统经济主义、社团主义、或者是君主制等。重要的不是政治秩序或经济组织的原则，而是制定的经济法则必须合乎诺亚律法的普世性。例如慈善（慈善不是禁止偷窃的延伸，但我们将在此讨论），慈善为文明的基础，但是不同的社会、经济和社会制度可以采用不同的方式，或通过共同的方式来实现慈善这一目标。例如在社会民主秩序中，慈善事业在很大程度上可以是国家的事情，通过征收重税并重新分配财物以支持福利事业。在自由资本主义的秩序下，个人将慈善内化为道德行为，在没有国家监管的情况下，将自己的财富分配给穷人。同样，诺亚律法中禁止偷窃的条款（同样适用于民法）适用于任何社会经济体系中以道德文明为基础的交换行为。

在诺亚律法的原则之下，任何社会都不得无视他人疾苦，不得压制互助和关怀他人福祉的经济行为。缺乏对他人的尊重，以及出于贪婪而玩世不恭的行为，对社会造成了极具破坏性的后果。因此，诺亚律法中禁止偷窃的原则要求人们的经济交换行为必须合乎伦理道德，必须从禁止偷窃他人财产的基本行为开始。律法或多或少会惩罚那些破坏平等交易原则的行为，但律法的实施则是由一种与他人交往中的积极意识所驱动（比单纯害怕遭惩罚更高的意识层次）。假如人们缺乏对他人困苦和匮乏的关心，就会造成他人融入社会的困难并最终对社会产生仇恨和排斥。因此，诺亚律法中有关禁止偷窃的原则在社会人际关系方面具有最为广泛的意义。

诺亚律法中针对偷窃的两种观点

关于诺亚律法的范畴与内容，以及诺亚律法与西奈传统的犹太律法之间的相关性，有两种广泛的观点。第一种观点认为：诺亚律法与犹太律法之间的同一性体现在对犯罪的认定或禁止偷窃的范畴之内，即在未经他人同意的情况下，窃取他人财产（或绑架他人）。如下面所定义的那样：

人不可偷窃，无论是抢劫、偷窃、隐匿他人财产、克扣他人工资等，均认定为犯罪；当然，工人在工作时间之外吃、拿雇主的食品或财产也同样可以认定为犯罪；因此要为上述的行为承担责任。

　　根据这种观点,有权威人士写道:在禁止(犯罪)偷窃和抢劫的(细节)方面,犹太人和非犹太人之间没有任何区别。

　　第二种观点认为,在禁止偷窃和人身伤害方面(民法和侵权),在涉及人身伤害但没有实际偷窃行为方面,诺亚律法与犹太律法完全一致。诺亚律法对偷窃的定义是:

　　诺亚律法禁止偷窃,对偷窃的定义包括:哄抬物价、克扣员工工资、侵吞受托保管的财物、强奸与诱奸、赔偿原则、人身伤害、借贷与商业买卖等,在这些方面都与犹太律法一致。

　　根据第二种观点,诺亚律法与犹太律法的并行性与同一性已经从禁止偷窃扩展到了人身与财产伤害等方面的其他民法范围 -- 凡是造成他人人身与财产损失的,诺亚律法的定义和判罚与犹太律法相比,没有任何差别。第二种观点将所有相关的犹太律法及其细节都引入到第二类偷窃(侵权和民法)中,除了某些特定的细节被明确限制在犹太传统律法中。同时第二种观点也将这种并行性与同一性扩展到对他人的关怀上,而不是仅仅只针对人身与财产伤害。对偷窃的禁止不但包含禁止偷窃的意念(比如垂涎他人财产),也包括禁止偷窃的行为(比如哄抬物价)。除了禁止性条款,诺亚律法中还有更进一步的义务,比如积极关心他人、慈善、爱心等。关心、慈善、爱心等的原则并不包含在诺亚律法的禁止性诫命中,但作为对他人的最高尊重,主动性诫命构成了保护他人人身和财产安全的终极机制,并否定了一切形式的偷窃和对他人的伤害行为,由此,这些主动性诫命将在此列明。

　　针对偷窃的第一种观点,并不局限于基本或全部的偷窃行为,还涉及民法上的某些错误主题,还有对他人的尊重,这些都是与基本社会秩序稳定以及人际关系在物质层面的稳定等有关的理性问题。与第二种观点本质上的区别在于:第一种观点允许个体社会在律法和道德原则下,发展自己的内容。在圣经原则下,这些理性的社会价值属于禁止性诫命:它们虽然不可能被否定或忽视，但社会可以用自己的方式去实施这些禁止性诫命。

诺亚律法的基本原则在此与第一种观点一致，针对偷窃的认定，在细节上与犹太律法一致：未经他人同意而对他人财产的占有。但也可能会出现一些差异，政府可以制定自己关于财产和所有权的法律，而这些政府制定的律法在细节上也将影响对偷窃的定义（详述如下）。在有关禁止偷窃的所有其他范畴内，社会也可以制定自己的法律，前提是不能否定圣经在律法方面所显明的社会理性价值。

对偷窃的广义认定涉及"人""财物"以及"所有权"。现在我们来讨论第一个话题；涉及"人""财物"以及"所有权"的分类和个人与财产所有权的"等级"。首先，至高者 神、政府和个人是财产的所有者，对人身和财产的所有权在不同程度上同时并存，对财产和交换产生着影响。因此偷窃属于对合法权益的侵犯。从这里我们进入的讨论：未经所有权人同意，夺占他人财产。这在诺亚律法和犹太律法中是完全一致的。接着我们讨论：偷窃的形式，有些偷窃并没有夺取他人对财物的所有权，但是对他人财产和人身安全造成了伤害和损失。如前所述，按照诺亚律法的基本原则，也就是第一种观点，诺亚律法在内容上虽与犹太律法有所不同，但都必须合乎圣经和传统所规定的范畴和理性原则，社会必须以自己的方式维护诺亚律法，除非希望在某些类别中能呈现出犹太律法的细节（如第二种观点所要求的那样）。最后，我们进入的讨论：禁止性诫命的律法范畴（比如禁止贪婪），表达对尊重、公正与公义的高度重视。同时，我们还特别强调了诺亚律法的其他原则（慈善与对他人的爱）。虽然这些诺亚律法的基本原则并不包含在禁止偷窃的范畴之内，但却积极地表达了相互依存的理想，因此是对偷窃和危害性行为的有效消解。

按照第一种观点，诺亚律法的理性价值将在圣经和传统的指导下得以实现，但并不等同于在犹太律法中的完全。根据第二种观点，某些诺亚律法的条款将完全在犹太律法中得以完善，但有些不是；在后一种情况下，某些诺亚律法的原则不像犹太律法那样必须强制执行。但并不代表可以被忽视或者被否定。

　　同一禁止性诫命将会涉及不同的偷窃行为。例如，强奸会涉及诱拐和绑架（偷人），这完全符合对偷窃的定义。此外，还涉及人身伤害，属于禁止偷窃的第二分类。拿走他人失物涉及偷窃的两个基本行为认定，因为失物的所有权仍然属于失主，失主并未声明放弃所有权。将失物归还失主而采取的积极想法，属于对他人财产和人身安全的尊重。

2. 所有权与交换

财产的拥有者

　　禁止偷窃、禁止损害他人财物、尊重他人和他人合法权益都涵盖在所有权取得、丧失、转移的律法范围内。律法将认定是否属于偷窃行为，是否对财物具有合法所有权。另外，所有权的占有、丧失、转移发生在所有权的各个不同层面，这些层面决定了物品的归属，以及对物品的取得、丧失和所有权转移的条件。

　　因此我们必须理解：所有权对象的分类和所有权对象的主体。在很多案例中，还有共同所有权的情况，我们说明如下：

	生命	自由	财产
神	拥有所有权	拥有所有权	拥有所有权
政府		拥有所有权	拥有所有权
个人			拥有所有权

对人类来说，有三种不同的所有权：生命、自由、财产。与比对应，也有三种不同的所有权合法拥有者：神、政府、个人。所有权决定了对不同物品的占有与处理的权利和条件。所有权的拥有是重叠、分级的，如下所述：

任何人的生命，（以及身体健康、尊严、荣誉等）乃是由至高者 神赐予，因此，对生命的处置权最终属于至高者 神。当政府试图影响其中任何一项所有权的时候，例如施行惩罚，或者一个人夺走另一个人的生命，比如正当防卫，这种行为的发生必须在至高者 神的规则之内。在至高者 神的规则之外，任何政府和个人都没有自由裁量权可以羞辱他人、对他人的身体造成伤害、甚至是死亡。唯有至高者 神对生命和身体拥有主权，也就是说，（除非神向政府和个人发出特别指令）惟有至高者 神才有自由裁量权可以剥夺人的生命、健康、财富和尊严；至高者 神按着自己的意愿行事。

个人的自由也在神的掌管之中，神可以随意取走个人的自由。神"拥有"人类的生命，当然也可以命令人应该侍奉神。神可以根据自己的意愿，指令人的侍奉；然而在至高者 神以下，对个人自由还有另一种所有权：政府管治权。根据需要，政府可以强制性征用个人的部分自由，比如兵役。理论上说，个人可以侍奉政府，这是神在圣经中赋予政府的权利（具体参见：《撒母耳记上》8:11–17），不仅体现在兵役制度上，也体现在政府为社会安全拥有监禁个人自由的权利、以及惩罚犯罪的权利之上。在诺亚律法的原则下，个人不能剥夺他人的自由（除非代表政府），但个人可以向他人出卖自己的劳动。

就个人财产而言，虽然个人拥有自由裁量权（并能创造条件），但是至高者 神和政府对个人财产同样拥有共同所有权。如果神可以取走一个人的生命，那么，神也可以通过一定的方式取走一个人的财产。但是政府同样也对全国所有的财产拥有所有权，通过征税的方式征用私人财产，用以修建高速公路等。因此，假如有人隐瞒收入，少交或者不交应付税款，就等同于偷窃。而政府对个人财产的征用也必须在神的律法范围内进行。

政府在战争中，征服其他国家，不管方式是否公正，在战争结束后，都会获得他们所征服的土地。这也是至高者 神在一定条件下给予的。因此，当个人使用他或她的财产时，这只是一个确定的使用权而不是永久所有权，因此在个人所有权之外，还有共同所有权：至高者 神和政府。

至高者 神之所以许可政府占有财产并制定产权规则，取决于政府的合法性。这意味着，人们接受政府作为他们的"主人"，在人们的义务范围内，个人则成为"仆人"。政府的这种合法性可能是人们一开始就给予并接受的，也可能是人们创造了政府和主权之后，或者可能是革命或暴动、政变之后才被接受的。政府是否合法的形式之一是其货币是否得到支持，另外，按照诺亚律法的原则，一旦政府对待百姓或群体反复无常、歧视或政策不一致的时候，就失去了合法性基础。以反复无常、歧视、欺骗方式获得人们财产的行为就是偷窃，未经许可的财产侵占不具有合法性（政府只有按照稳定的关系行事，才能行使其权利）。政府反复无常、欺诈、歧视就是在偷窃自己人民的财产。

财产的合法性

综上所述，个人对其财产的占有、转移、丧失等方式受到政府规则的约束，政府规则对个人财产具有优先所有权和裁量权。"政府（国王）的法律就是法律"这一概念（从诺亚律法的观点来看）涉及政府必须为整个国家的良好秩序制定规则，这将包含大量的行政条例，例如交通管制等。但就本章而言，主要涉及国内的商业法和经济交易法。

因此居住在国家疆域内的人民，无论是国内的百姓，还是外国的客人，都必须遵守当地政府的法律和政府的所有权，遵守政府制定的财产法、经济交易法，并为其收入缴纳应付的税款。

根据第一种观点，人们在经济交易过程中，既可以选择政府制定的惯例法，也可以选择犹太法（前提是不会给政府带来任何经济损失，也不会对政府管理产生不利影响）。第二种观点认为，诺亚社区作为一个整体，在经济交易过程中应该遵循犹太律法，因为诺亚律法中的经济交易规则与犹太律法是一致的。但如前所述，在经济交易中，并不一定以犹太律法为基本原则，因为政府可能会因为出台新的管理政策和财产法而推翻之前的相关法律。这可能基于这样一种想法：货币和财产交易的各方（这里指整个社会）可以放弃以前的权利并共同为他们的财产制定新的规则。因此，由于政府的合法所有权和社会改变其财产、货币实体的自由，财产法并不是固定不变的。

在犹太律法中，继承法不同于财产法，因此社会和个人将根据社会所接受的法律规定，并根据自身的情况改变交易规则。诺亚律法规定：如果财产没有通过生前赠与的方式处理，则在父亲去世之后，由儿子继承遗产。继承法中顺序关系的规定可以参考惯例法。

3. 绑架和偷窃

偷窃的界定

虽然财产法和经济交易法可以按照惯例法确定，但国家不可变更诺亚律法的基本原则，不可变更诺亚律法中有关对偷窃的认定（区别于民法中关于损害赔偿和对他人和财产的尊重）。与此同时，有关财产的法律概念如"财产的取得""取走""放弃"等在律法和惯例法所规定的范围内可能会有所不同。

　　未经所有权人同意，将他人合法财产"取走"，这就是偷窃。偷窃不仅指从所有权人的合法领域内"取走"他人合法财产，任何所有权人的财产，只要法院认定，即便不在所有权人的领域内，未经所有权人的同意而被取走，同样也认定为偷窃。例如：拖欠员工工资或者欠债不还。

　　只要所有权人没有声明放弃财产所有权，该财产就合法属于财产所有权人，未经所有权人同意，"取走"他人财产就是偷窃。假如所有权人自愿放弃对该财产的所有权，那么，取走该财产将不被认定为偷窃。放弃所有权可能是积极的行为：所有权人宣布放弃部分所有权，但也不将其移交他人；也可以是被动放弃，例如不再有希望重新获得财产所有权。

　　物品失窃之后，物品的所有权人对寻回物品的可能性感到绝望，估计收回物品的可能性已经彻底丧失，据此，按照诺亚律法有关禁止偷窃的律法条款以及第一种基本观点，这些失物将成为窃贼的所得。（在不知情的情况下，第三方是否可以购买这些物品，这个问题至为重要）。通常来说，政府一般都会针对失窃物品制定一个时效性政策，一旦超过时效，失窃物品将归窃贼所有。根据第二种观点，窃贼盗取物品之后，又对盗取的物品施行改装或者改变其原有的样貌，同时失主放弃寻回物品的希望，只有在这种情况下，失窃物品才归窃贼所有，这是犹太律法的规定。窃贼被抓，而失窃物品已经被销赃，窃贼应该对此做出经济赔偿，如下所述。

　　失物具有一定的价值，或者价值微不足道，而失主不愿放弃对失物的所有权，窃贼将永远承担赔偿责任。

　　根据第一种观点和诺亚律法的基本原则，当窃贼意图永久霸占所窃取的物品，拒不将失物归还失主时，将承担完全责任。假如取走失物时，本就有付款的目的，则不构成完全责任。根据第二种观点，取走失物时虽有付款的意念，但付款将会拖延很久（甚至不知道是谁、会在哪里付款），这种行为构成完全盗窃责任。

根据这两种观点的综合，假如偷取物品的目的是恶作剧，之后又将失物归还失主，这种行为不构成完全责任。无论如何，所有上述各种不当行为都应该禁止。

根据第一种观点，未经主人同意，随意使用、借用（或使用他人委托保管的物品）他人物品，不承担全部盗窃责任；但根据第二种观点，这种行为将被认定为完全偷窃。在对偷窃行为的裁定和惩处上，第二种观点与第一种观点相一致：针对未经主人事前同意就随意使用、借用他人物品的行为，应该完全禁止。但以下特殊情况除外：根据过去的实际情况，业主同意无须事前征求意见即可使用其物品，这种行为不作偷窃认定。

假如有窃贼从其他窃贼身边偷取窃物，窃贼要承担全部责任，虽然第一个窃贼没有保有窃物，但第一和第二窃贼要承担赔偿责任（第一窃贼应该归还窃物，而不是赔款）。第二窃贼的偷窃行为认定为延伸偷窃，假如第一窃贼要求归还窃物，第二窃贼有归还窃物的责任（首先是失主没有宣布放弃失物的所有权）。窃贼间的互相偷窃，其审判案例参照上述偷窃案例。

无论何种原因，都不可偷窃，也不可购买赃物，因为购买赃物为偷窃创造了动机和环境需要。禁止将别人财产的保管信息透露给窃贼，以便窃贼方便行窃，将他人的财物信息透露给窃贼的，承担部分责任。

绑架与诱拐

绑架和诱拐是最为严重的偷窃行为。强奸也可以归类于此：受害者被罪犯所绑架。除此之外，强奸更是对人身的伤害和侵犯。绑架与诱拐的判罚与处理，可以参照损害与赔偿条例以及禁止不道德行为的处理方式。

针对有形与无形资产的偷窃

对偷窃的定义不仅适用于有形资产，也适用于无形资产。所谓无形资产包括知识产权，如未经许可的复制、侵权、盗版、盗用他人专利等，这些都定义为是对无形资产的偷窃。

欠款与克扣他人工资

克扣、拖欠他人工资是一种偷窃行为，比如不按时支付薪水等。因此，拒绝为已经完工的工作支付工资、还款日到了以后，拒绝归还欠款等，都可以认定为偷窃。但拖欠款项之前，拖欠人合法拥有该款项（之前的贷款是正常而合法的）。其偷窃行为的发生是由于在归还款项的法定日期以后，继续持有或克扣属于他人的资财而引发的。

不当得利

所有权人将使用资产或物品的权利授予他人，使用人对该资产或物品的超期使用，同样也属于偷窃。比如雇主许可工人在规定时间内可以食用他或她所采摘的作物（作物的所有权属于雇主），假如工人在雇主许可的时间之外食用（而且未经雇主许可），这种行为也同样属于偷窃（译注：多吃多拿属于不当得利），除非得到明确的批准，否则不能假定工人有获得额外福利的权利。

抢劫（暴力获利）

未经许可取走他人资产，或者通过身体或语言威胁强迫他人交出资产，可以认定为抢劫（暴力获利）。禁止强买强卖，强买强卖属于不完全偷窃。

欺诈

以货物换取货币的时候，巧舌如簧，以次充好，欺骗他人。虽然看似自愿发生的商业交易，但事实上并非自愿，因为涉及欺诈与夸大宣传，因此可以认定为偷窃。缺斤少两同样也是欺诈，可以认定为偷窃。因此，无论买方还是卖方，刻意更改商品信息以误导他人的行为，可以认定为欺诈。另外，针对计算错误，比如货物重量、体积等商品信息，即便这些错误计算来自他人，也不可顺势利用错误，一错到底。

误导性的广告是欺诈的另外一种形式，归类为偷窃，因为误导性广告夸大商品的价值（或者完全没有价值）。

即使不涉及金钱损失的欺诈，也是圣经中所认定的反社会行为。"诱导"销售人员，使其误认为自己对技术商品感兴趣，这种行为虽不是偷窃，但应该受到指责（除非明确表示，自己只是浏览或收集商品信息以作对比）。

对偷窃行为的惩罚与赔偿

偷窃遭到惩罚之后，还需要向失主做出赔偿吗？按照诺亚律法禁止偷窃的律法原则，第一种观点认为，对是否应该归还失窃物品（或者赔偿其价值）存在争议。根据诺亚律法禁止偷窃的律法原则，第二种观点认为，窃贼有赔偿或有恢复窃物原貌的责任。

综合所有的意见：即便窃贼在受到惩罚之后，依然有责任将窃物归还失主，窃贼继续保有窃物本质上是偷窃行为的延续。因此，按照诺亚律法的赔偿原则，结合上述两种观点，给出结论如下：窃贼受到惩罚之后，依然有责任将窃物归还失主，如果不能将窃物归还失主的，则必须向失主做出赔偿。

本节的主要定义是：赔偿是普遍和自动原则。就像国家逮捕和惩治小偷一样，国家和法院也应自动要求并组织向失主归还失物。如果不可能收回失物，那就应该做出赔偿（如果暂时无法获得失物或者暂时无法做出完全赔偿，那就变成对小偷的债务）。

4. 对他人身体和财产造成伤害的具体分析

错误对待他人和他人财产

未经他人同意随意取用他人的合法财产，这种行为将受到谴责并要对此作出惩罚。现在我们论述各种形式的伤害（见下文），有些伤害不一定是从受害者手中夺走财物，但给他人和财产造成严重损害。按照诺亚律法的原则，根据第一种观点，错误对待他人和他人财产不是偷窃罪的延伸，因此不以偷窃罪论处，也不以偷窃罪问责。但社会必须努力纠正这种错误，并制定相应的规则。根据第二种观点，错误对待他人和他人财产归类为偷窃罪的大类之下，这样的分类与犹太律法一致。具体参照前述。

基本裁定与第一观点一致的事实，并不意味着这一法律领域的侵权或民事行为与第一观点无关。与此相反，圣经及其评注所指出的这一领域是公民社会的"理性法则"，不能被忽视或否定。社会必须执行这些律法原则，尽管社会可以以自己的方式去执行规范，但我们依然给出基本的原则：禁止损害他人和他人财产。这些基本原则并未包含犹太律法中的细节，只与第二种观点有关。

人身伤害

传统表明，禁止损害他人财产、禁止危害他人人身安全，这是理性而合理的原则。根据第一种观点，社会可以制定自己的法规来禁止人身伤害或财产损害以及对造成伤害后的赔偿。而第二种观点则对造成人身伤害的类别进行了分类量化，针对各类伤害，比如失业、精神伤害等做出了相应的赔偿规定。

我们曾从偷窃罪的角度谈到了强奸，当强奸犯对受害人实施绑架等暴力行为时，可以从偷窃罪的范围内定罪（参见"绑架与诱拐"），除此之外，强奸犯罪还涉及对他人身体和精神的伤害。另外由于少女尚未成熟，还没有承担责任的能力（或者还没有达到法定结婚年龄），所以诱拐少女等同于强奸。根据第二种观点，强奸犯除了要受到惩罚之外，还必须向受害人支付身体伤害赔偿以及精神赔偿。根据第一种观点的基本原则，在适用于绑架（偷窃）的惩罚之外，社会可以决定施行任何形式的赔偿措施。

财产损害

严禁损害他人财产，对他人财产造成损害的，必须做出赔偿。对他人造成无形伤害的行为，同样必须禁止；比如所建的房子，故意设计成能看到别人的私人空间等。这些无形的、对他人的侵犯和伤害必须严厉禁止。

伤害的原因

对人身伤害和财产损害应该承担赔偿责任，有时候对他人造成的伤害并不一定是直接的：但确实是造成了某种程度的伤害。例如，有人在自己的地方上点火，结果风向将火吹到别人的地面上，由此造成的损害就是直接损害；比如有人在他人的车里大声尖叫，导致他人失聪，如此等等。根据第二种观点，对损害分类与犹太律法相似；根据第一种观点，对他人造成损害的，必须赔偿，赔偿的具体方式将由社会决定。

根据因果关系的规则：只要一开始有过失，即使后来出现了不可预见的状况（不可抗力），也要对由此造成的伤害承担责任。比如将火种交给孩子或者神智不健全的人，最后导致严重的火灾；也不可对邻居或他人的财产或作物造成损害，比如自己院子里的树，因为没有及时修剪，枝桠伸出院外，导致路人受伤或者妨碍路人的通行等。所有这些例子都是个人原因对他人造成伤害的直接因果关系。

失责（因粗心大意而造成财产损失）

责任有两种：第一种，也是最基本的责任，就是尊重并保护他人财产。如同受托人（看守），他们承担起看守和保护委托人交付他们的财产保护责任。受托人和委托人之间有着不同等级的规定，对受托货物施行保护，以免受损、被盗、以及各种损害。

正如已经论述过的，尊重和保护他人财产，具体的规则将由社会制定。

根据第二种观点，尊重和保护他人财产的具体法规应该合乎犹太律

法。第二种责任是：虽然并不对他人财产承担看护责任，但必须对自己
财产承担责任，以免给他人造成损害。比如自己的牛顶伤他人，虽然并
非主人故意，而是牲畜自己为之，针对此情况，有专文论述："人必须
看护好自己的牲畜，不可使自己的牲畜对他人人身和财产造成损害……
根据基本的理解，假如自己的牲畜对他人造成损害，有赔偿的责任和
义务"。

　　第二种观点认为，对造成潜在伤害的行为需要承担更多的责任，这
是基于义务的概念，即注意自己的行为并看管好自己的牲畜，以免可能
对他人造成的伤害。与犹太律法相似，诺亚律法规定了对牲畜造成的伤
害赔偿，因为这是应尽的责任，用同一作者的话说，"赔偿加深了友谊
与连结。既然我们有着良好的交往关系，我们就不能伤害对方，即使是
我们的牲畜，也不可以互相伤害，即便是无意的伤害也是不恰当的，因
为友谊就是相互之间的团结"。对牲畜造成的伤害，基本裁决与第一种
观点一致，从律法的条文来看，对动物造成的伤害有赔偿的责任。人也
不能放任自己的动物，应该有必要的看管，对动物看顾不周，从而给他
人带来伤害的，必须承担赔偿的责任。

　　现代社会已经采取了合理预见的损害责任概念，针对动物行为可能
给他人造成的伤害，应该要有必需的预防，比如狗对他人的攻击等。

5. 尊重他人和他人财产

互惠

　　如上所述，偷窃是未经他人同意而取走他人合法财产，还有一种情

况，虽然一方同意并接受另一方的意见，但另一方却从中偷偷占便宜。这种行为不属于互惠。我们不能因为别人的不诚实，自己也可以理所当然的不诚实，有些行为没有表现出明显的偷窃或伤害，也没有体现出明显的错误，但这种行为仍然违背和否定了社区和谐与互惠概念。因此我们必须找到改善这些行为的方法，即便一时无法消除这些行为。

商业推广

价格垄断：商品价格由供求关系决定，但这种供求机制并不总是完全自由和有竞争力的。有评论认为，当商品短缺的时候，买方可能会同意支付过高的价格。另外在商品没有竞争的情况下，社会需求可能会导致哄抬价格。对互惠的破坏也可能来自垄断性的中间商，或零售卖方，这种对互惠的破坏直接针对供应商和生产者。供应商对互惠的破坏体现在物价垄断上面。公平的价格通过公平竞争建立，为买卖双方提供生活的便利。不公平的价格建立在垄断基础上，损害了买方的利益，这种价格垄断并不一定是欺诈，而是出于贪婪。在犹太律法中，一旦商品价格超过市场公认价格的 1/6 时，就产生律法关系上的剥削关系，买卖无效，可以退货。因疏忽导致的价格过高或价格不足，应该及时纠正，一般不会产生退货问题。假如买方或卖方知道其价格高于或低于市场公认价格，但依然同意交易继续进行，则不存在价格欺诈。

根据第一种观点，商业推广中的"价格垄断"并不包含在诺亚律法有关偷窃的大类之内。但根据第二种观点，"价格垄断"包含在诺亚律法中，如前所述，我们的基本立场是赞同第一种观点，但在现代社会，消费者权益保护法和反托拉斯法体现了一种改善公司垄断的趋势，虽然与犹太律法有所不同，但以自己的观点否定了商业垄断。第二种观点假如为社会所接受，则将与犹太律法一致。

利息

支付或交付过程中收取利息，是自愿的契约行为，比如个人向他人贷款，归还贷款的时候，金额总要比借的时候多一些。这其实是使用借款的租金。对贷款的使用，有许多不同类型的计息方式，而且很多的计息方式以非常阴险、非常隐秘的方式"吃人"或"咬人"。用一位商业评论员的话说，"贷款利息在不知不觉中吞噬了他人的财富，直到发现自己家中空无一物"。犹太律法禁止从自己同胞的身上收取利息（同样禁止多收少付），这是独特而永远有效的律法原则。但人不能放弃自己的权利而同意支付或收取利息，规避这一禁令的唯一途径就是借款方和贷款方成立合资企业，以分享商业利润。

根据第一种观点以及律法的基本原则，诺亚律法不禁止收取利息。但根据第二种观点，禁止收取利息应该包含在严禁偷窃的大类之内，因为收取多于贷出。根据第一种观点，圣经中关于尊重他人的概念同样涉及利息的收取，因此必须减轻过度性利息（也不可放高利贷）和破坏性债务的累积。根据律法的基本观点，这一做法的道德意义至少应该是设法帮助个人避免累积利息（利滚利）、复合利息、尽量减少贷款。

失物归还

对他人的剥削和放高利贷都是对他人的不尊重，因此不可剥削他人、不可放高利贷。将他人的失物归还他人是犹太人义不容辞的责任，我们应该积极面对人生，面对他人。针对遗失物品，有两种具体情况：一种是将他人失物据为己有，但这是他人的失物，并没有证据表明失主已经放弃了对失物的所有权。

第二种情况是积极主动的，与对待失物的态度有关（不是对失物视而不见），问题是，人是否有义务将失物交还失主？根据第一种观点，诺亚律法没有明确规定有交还失物的责任，因为这不是偷窃的强制性延伸，这也同样适用于其他人免于物品损失的情况。例如，有人有一批产品，假如不能及时出售就要腐烂：于是以他人的名义出售，为避免他人遭受损失（他人有权要求卖方为此付出赔偿），相当于归还损失的财产。在第二种观点中，虽然对此没有明确的规定，但社会有权要求失物的发现者归还失物，即使失主认为已经不存在找回失物的希望（失物的发现者也不存在保管失物的问题，因为失物的所有权仍然属于失主）。

公平

避免遭受价格垄断，就需要有真正的市场竞争，或者双方确定公平的价格和利润，以保证双方的生计。透明公开的价格和利润是保护他人生计的积极措施。建立竞争的市场机制，在于消除价格垄断，因此必须建立某种平衡机制，以免无情的商业竞争破坏他人的生计，比如大企业制定掠夺性定价，销售价格低于成本，从而削弱了小企业的竞争能力，在摧毁小企业之后，再重新施行价格垄断。因此严禁侵犯他人生计的规定适用于诺亚律法，正如适用于犹太律法一样。在诺亚律法的基本原则中，公平是基本的原则之一。人不能毫无道德良心地破坏他人的生计和投资。

在不给自己造成损失的前提下，斤斤计较地占他人的便宜，这也是道德错误。因此，不可一毛不拔，不可斤斤计较；要礼尚往来，例如租用他人的磨坊之后，应该同时给磨坊的主人碾压一定数量的麦子，作为回报或者租金。当磨坊主人有了第二座磨坊之后，他可能不需要别人代为磨麦子，而是需要别人支付租金了。虽然承租人可以坚持原来的支付条件和支付方式，但如果承租人有一定数量的客户，他应该给磨坊主人提供现金支付。这样的话"磨坊的主人有收益，而承租磨坊的人也不受损失"。在任何情况下，承租人会为磨坊主人碾压一定数量的小麦，而磨坊主人则希望也能拥有现金。

这样做并非"眼红"别人的好处，因为给予别人好处不会对自己有任何损失，这正是索多玛人所没有的特质。

公平、惠人的原则也适用于事后，人不可对自己的善行后悔（译注：比如磨坊不租了，我自己雇人干了）。因此，假如有人未经许可擅自使用他人设备或工具谋利，但没有造成设备和工具的任何损坏，事后再向他人索取租金也不是恰当之举。

出于信任关系中的人，比如委托或代管，也有可能产生利益冲突，接受他人的信任和委托就要承担其责任，因此我们不得违背他人对自己的信任。违背他人对自己的信任是一种欺诈，即便没有涉及直接的偷窃。代管人不能随意使用孤儿的财产。

不可损人利己，就是积极赋予他人公正、利益和公平。在犹太律法中，买卖建立在双方自愿的基础上，比如邻舍之间出售土地。在价格相似的情况下，采用邻居优先原则：邻居优先体现出更加的公平，比如邻居可以用来耕种或建房。邻居优先原则在诺亚律法中虽没有约束力，但体现了一种理想，主要依据来自《申命记 6:18》："至高者 神眼中看为正、看为善的，你都要遵行……"由此，诺亚律法应该将其纳入律法体系。

贪婪与垂涎他人财产

亚当·斯密认为：贪婪或者对自我利益和物质需求的膨胀与强烈追求，可以理解为是一种经济优越带来的满足感。但很容易遭受他人的厌恶和抵制，用传统的话来说："贪婪导致加倍的贪婪，最后导致偷窃……"贪婪是一种心理态度，包括渴望他人财产。什么是垂涎他人财产？就是利用各种压力谋取他人合法财产。

根据第一种观点，贪婪和垂涎他人财产不归入偷窃大类；但根据第二种观点，贪婪和垂涎他人财产归入偷窃大类。贪婪和垂涎他人财产导致对他人合法权益的完全漠视，是人类经济交往过程中，一切不公的"灵魂"和核心。即便按照第一种观点，贪婪和垂涎他人财产都是万恶之源，应该加以阻止。

捐赠

我们要特别注意：在希伯来圣经中，慈善的词根是 Tzedoka，也就是正义。正义的根本就是慈善，慈善就是正义的外显。行出慈善，是遵行神的吩咐，如同神的代表，将自己的一部分资源分配给有迫切需要的人。慈善不但体现出善良之心，也体现出给予他人及时帮助的正义之举。根据第一种观点，犹太律法中有关慈善的诫命并非诺亚律法的必须，但人们可能不会否定慈善和福利的做法，因为慈善和福利是文明社会必不可少的义举和基本组成部分。根据第二种观点，慈善包含在诺亚律法的基本原则中，具体内容和执行细节与犹太律法完全一致。在这两种观点中，慈善的概念是承认他人有权利在特殊情况下可以请求帮助，我们有责任在特殊情况下为他人提供帮助。慈善是偷窃的对立面，是对窃取他人合法财产的彻底否定。

爱人如己

要爱人如己。根据第一种观点，爱人如己并非诺亚律法的基本原则，但根据第二种观点，爱人如己则是诺亚律法的基本原则之一。事实上，爱人如己是人类救赎的终极理想，如同所有的人组成一支乐队，同心合意实现最终的完美意愿。当然，爱人如己是律法的最高原则，爱人如己体现了对彼此之间的相互关系和基本尊重，透过这种尊重，蓄意偷窃和伤害他人的行为最终将会不再出现。

第13章　尊重自然

概览

1. 简介

人类对自然的主权

至高者 神吩咐诺亚，不可从活体动物身上取肉食用，这在整个诺亚律法中构建了完整的实用与自然的伦理关系。通过对诺亚律法的介绍，我们将诺亚律法与"环保主义者"和"动物权益"主义的哲学观点做了区分，首先，我们要特别注意：圣经赋予人类对自然的主权。在人类初创之时，神就吩咐人类要"生养众多，充满地面，治理这地"（参见《创世记》1:28）；同时，人类在生产、生活过程中，对自然的利用也受到许多的限制，人类不被许可杀死动物，无论是为了吃动物的肉，还是利用动物身体的其他部分，比如利用兽皮做衣服（参见《创世记》1:29）。

大洪水之后，神许可人类可以吃肉，可以杀死动物，但是同时也吩咐诺亚，不可从活体动物身上取肉食用。

人类能够被赋予对自然的主权，这是由于人类乃是按照神的形象受造，人类的这种重要性是双重的：首先在于人类能够理解神圣教导的重要性，在神圣教导的指引下，人类被要求建立和教化整个世界，而动物和自然界的其他部分都缺乏道德感。其次，人类可以自由选择是否按照神圣律法的教导生活。因为只有人类具备了选择的自由，神圣律法的赋予和执行才具有重要而深远的意义。

人类按着神的形象受造，因此人类也具有神圣的能力（这并不意味着在精神层面上，动物不能识别或回应神。更确切地说，动物在本质上不是道德的行动者，在神秘的传统解释中，动物们可以识别"似神"的人。参见拉比 Schneur Zalman of Liadi，*"Eshalech liozan"*）。人类是神创造的"主体"，借助神圣的力量和介入，人类被命令去引导世界走向完美。

毋庸置疑，对自然的主权属于人类，因为人类按着神的形象受造，因此，只有当人类以优雅、克制、自我超越的方式行事，并侍奉于神圣的理想与目标时，人类才能真正地显明自身所具有的神之形象。

救赎的总目标就是：人类必须修复和完善我们所在的世界，只有如此，我们才能显出自身的"似神"。直到如今，我们生活的世界并不完美：无论是现实的世界还是灵性的世界都不完美。我们身处在未被救赎的世界中那年久失修的一部分里，年久失修的部分原因来自自然本身。在圣经中，因为人类误食分别善恶树的果子，导致了大自然的败坏。因为误食禁果的原因，大地不再为人类提供丰富的供应，甚至敌视人类的存在；人类与自然的斗争必然涉及自然的生产："地必为你的缘故受诅咒，你必终身劳苦，才能从地里得吃的。地必给你长出荆棘和蒺藜来……你必汗流满面，才得糊口"（《创世记》3:17-19）。

由于人类在道德上的混乱，动物界也发生了变化，动物们原本都是食草的，现在有些动物发生了变化，成了动物世界中其他成员的捕食者。因此，除了"动物权益保护"者们关注的人类施加在动物身上的残忍之外，动物们之间，也存在着巨大的残忍，猛兽们野蛮地对待它们的猎物。猎杀鲸鱼是环保主义者关注的对象，但从鲸鱼吞噬的海洋生物的数量来看，它是深海生物最大规模的杀手。大自然的野性在神秘的计划之中，大自然的救赎，首先来自破坏大自然的人类，只有人类完成了救赎，自然才能得到救赎。针对自然的救赎，先知如此说道：

豺狼必与绵羊羔同居，豹子与山羊羔同居；少壮狮子与牛犊并肥畜同群；小孩子要牵引它们。牛必与小熊同卧；狮子必吃草与牛一样。吃奶的孩子必玩耍在虺蛇的门口，断奶的婴儿必按手在毒蛇的穴上。在我圣山的遍处，这一切都不伤人，不害物，因为认识至高者 神的知识，要充满遍地，好像大水充满洋海一般（《以赛亚书》11:6-9）。

因此，作为救赎承诺的一部分，至高者 神亲自说："我要赐平安在你们的地上，你们躺卧，无人惊吓，我要叫恶兽从你们地上息灭（《利未记》26:6）。有评注认为，这并不意味着野兽会从地面消失，而是它们的野性会被移除。那时，人类与自然之间、以及物种之间将不再相互伤害。不但动物界会被改变，自然界的植物与无机物也将会被改变。有描述称：那时世界上的水将会奇迹般地"净化"，所有的植物和所有的生物将因净化的水得到再生（参见《以西结书》47，《约珥书》4:8，《撒迦利亚》14:8）。

同时，那时的大地将普遍丰收。简而言之，那时全球所有的冲突、阻碍、功能失调、以及人类与自然的斗争都将止息。救赎的转变将使自然回归创世之初的自然状态，甚至更为美好。至高者 神对救赎计划的介入，就是赋予人类诺亚律法；人类通过对诺亚律法的遵行，其中包括对自然的合理利用，必将不断累积善行和道德良知，最终实现自我救赎。

自然：存在主体

人类虽然被赋予对自然的主权，但自然并非只是人类利用的物体，自然和自然界内一切的生物都是至高者 神所创造的。自然和自然界内的万有作为一个整体以及每一个个体的存在，都依赖于至高者 神的创造、更新和维系。由此，我们得出两点结论：首先，自然和自然界内的万有都是至高者 神的创造，有着神的用意和神圣的目的。因此我们要对自然和自然界内的万有心存尊重。因此我们不可滥用自然，不可过度开发自然，比如对待动物和菜蔬；有时，我们被要求不要打扰自然；有时我们必须消除某些动植物，比如携带病菌的有机体。但我们必须清晰地意识到：在任何情况下，在我们的目标体系中，万事都相互关联，这种关联性逐渐地、累积性地为创造的完成和救赎服务。

至高者 神创造万有，并不是说万有都与人类平等，或者说万有与人类应该"平等对待"。正如人是首要的，人的目的也是首要的。人吃肉的愿望胜过了动物不被杀死和吃掉的有意识的"愿望"。动物与人类之间的"平等"只在于一个事实：那就是动物们也是至高者 神有意识的创造，因此不应该被滥杀、滥用。在诺亚律法的原则中，不可对有知觉的动物造成不必要的痛苦，自然界内没有知觉的部分，不可造成不必要的破坏。

其次，自然的受造和维系来自至高者 神，也就是说，自然并非是一个独立的存在，也不是具有自身目的或法则的独立实体。虽然人类有伤害自然的能力，但严禁伤害自然、严禁破坏我们所居住的环境。自然是一整套系统，认为未来掌握在人类的手中，那是纯粹的妄想和自大。"地球"的命运完全不在人类的手中，也不在地球本身的手中，宇宙的命运在于至高者 神的意志中；神的心意在于人类的祈祷、对善行的回应（良好的畜牧业）、以及至高者 神的意志和最终的救赎计划。没有任何"科学"可以预测或管理未来。我们只能将我们的理性与神圣的诫命结合起来，才能合理地开发自然。最广泛的"可持续发展"在大洪水之后得到了至高者 神的确认："地还存留的时候，稼穑、寒暑、冬夏、昼夜就永不止息了"（《创世记》8:22）。

在神圣的话语范围内，人类有实际和道德的行为，人类所有的行为都应该是对自然的伤害最小化而善行最大化。

尊重自然的目的和意义

人与自然的关系，其核心概念就是将自然纳入人类主导的计划中，而人类的计划并非只为了人类的利益。这是神圣的计划，是救赎概念的具体体现，是受造物内在神性的显明，同时也包括自然本身的救赎。在神的计划中，一切都被"垂直地"整合到在普世伦理指导下的人类活动中，人类则在自然的顶峰处。当然自然有其自己的内部层次结构：动物世界消耗植物、植物世界依赖于矿物世界的能量供应，无机物（土地）和人类又消耗动物。但不要忘记，动物比植物和人类"更重要"，这反映在最初禁止捕杀动物这一事实上。

创造的垂直秩序最终指向救赎，这种等级结构不仅与征服有关更与提升和完善有关，通过将处于较低水平的动植物纳入到人类的道德行为中，最终实现救赎与完善。提升和完善需要一定的条件和前提：弥赛亚来临！在弥赛亚时代，万有和谐，所有的竞争、征服、支配都将消失。

动物不能自我救赎，它们无需为自己的"堕落"负责——它们的捕食和野性。动物们的救赎通过人类的集体侍奉来转化，因为在大洪水之后人类食用动物们的肉类（有适当的意图）是创造的一部分。有观点认为，在救赎的过程中，作为动物世界得以完善的结果，人类将再一次被禁止杀死动物，禁止食用动物的肉类，一切将回到创造的起初。

终极救赎的概念不是工具化的，而是对自然的实际进步和救赎的改变与提升，因此，自然不是人类达到目标的手段和工具，不可肆意滥用自然，甚至破坏自然。同时，在利用自然、开发自然的过程中，不应该产生有害的副产物。人类从食物中获取营养，应该成为道德生活的能量，而食物中产生的废弃物应该得到妥善处理。汽车燃料也不应该有废弃物排放，不应该对大气造成污染。在诺亚律法的概念中，对自然的利用应该是建设性的，而非破坏性的。因此在开发利用自然的过程中，不可造成对自然环境的破坏。对自然的每一次消耗或利用，都应该是朝着一个建设性的目标前进，而不是造成破坏性的后果。在人类向着"垂直"目标整合的过程中，不可对其"水平面"环境造成不可避免的破坏。

下一节我们阐述诺亚律法与自然有关的主要原则与概念，禁止从活体动物身上取肉食用：人类在利用自然环境的过程中，不可给动物造成痛苦，不可对自然环境造成破坏；提高对动物和自然的关怀程度，超越诺亚律法的基本原则；在利用自然的过程中，严禁改变物种的属性；根据圣经的原则，严禁从活体动物身上取肉食用。

2. 对动物和自然资源的开发利用

对自然资源的破坏性开发

至高者 神创造万有，也是万有的终极"所有者"。至高者 神对所有受造物的最为广义所有权就是：对万有的使用加以限制。至高者 神赐给我们财产、食物、健康和生命，神的恩赐永不会停息，从一种超越的意义上说，我们都是神的财产；而我们所拥有的所有权，至高者 神可以随时取走。这也意味着，人类必须尽其所能地将自然资源用于道德行为和建设性目的。我们在此所讨论的有关人与自然关系的法则，并不包括人类应该如何对待自然，而是人类不应该如何对待自然。

这些限制主要涉及对动物造成的伤痛和过度开发自然所造成的破坏性，无论是对有机物还是无机物。当我们在此讨论人类对动物或其他自然资源的伤害时，我们首先要确认：人类对动物和自然资源没有主权。在他人的保护区狩猎等同于偷窃，狩猎（没有吃的意图）不仅残忍且毫无正当理由，同时也构成了对他人的伤害。空气污染不仅是对环境的危害，更是对人类和自然界的危害。将有毒废弃物排入河流不但会对水体和水生生物造成生命危害，更会危害以水为生的人群，比如渔民。对他人财产、生计和生活质量造成损害的，归类在诺亚律法"偷窃及财产损害"的大类之下。相反，人类更应该关注并减少对动物的伤害以及对自然资源的破坏，无论这些动物或自然资源是否有所归属。在许可人类杀死动物，食用其肉类之前，律法就规定了动物可以为人类工作，对动物而言，不管为人类工作是否是某种强加的有限痛苦，但这是人类利用和控制自然世界的普遍许可的一部分："人类要生养众多，治理这地"。如前所述，大洪水之后，诺亚和他的后裔（即全人类）被允许可以杀死动物，食用其肉类；更可以利用动物的皮毛，比如制作衣服御寒等（译注：但人类不得虐待动物，不得加诸额外的痛苦在动物的身上，对动物的伤害和痛苦必须减少到最低程度）。

有讨论认为，杀死动物，即便是瞬间－是否也是对动物的折磨，毕竟这不同于动物们活着时所遭受的残酷对待。普遍的观点都认为，杀戮确实给动物们造成痛苦；但圣经许可，为人类的需要而杀死动物，这就证明了为人类利益而伤害动物是可能的。用一位权威的话来说，"既然杀死动物对人类有益，我们就没必要关心动物们的痛苦，因为神圣的教导许可杀死动物……但杀死动物并不意味着可以残忍对待动物，禁止从活体动物身上取肉食用就是基本原则：不可残忍对待动物。动物可以被杀死，可以食用其肉类，但将无与伦比的、不必要的痛苦加诸在动物身上则毫无必要"。

禁止对动物施加不必要的痛苦反过来又与对待自然其他方面的道德要求有关；禁止虐待自己的讨论可以类推到动物身上。根据西奈传统，不可伤害他人，也不可伤害自己，不可伤害自己的身心，不可自残。这条律法与传统中另一条律法相连："人必须小心保护自己不被侵害，也必须小心自己的财产不被伤害……万物对人类都有帮助"。这一原则不仅适用于个人财产，也适用于无主财产，即自然资源。也就是说，对待有知觉的存有（无论是人还是动物）与对待自然资源之间有着紧密的联系："痛苦"与有知觉的存有有关，"毁灭"与无知觉的自然资源有关。给动物造成不必要的痛苦可能比造成物质资源的破坏性浪费更加严重，因此，人类被明确禁止：不可给动物造成不必要的痛苦、不可虐待动物。

不可虐待动物，不可破坏自然资源，这两条禁止性诫命是紧密联系的：我们看到当今社会采取了防止虐待动物的措施，也制定了相关的立法，以保护自然资源。

总之，针对人类伤害自然的限制性措施有两方面：第一是不可虐待动物，第二是不可毁坏自然资源。事实上禁止破坏性行为也同样适用于动物：无论在哪里屠宰动物，都不可给动物造成不必要的痛苦。

在利用动物和自然资源的过程中，必须深刻理解什么样的目的是建设性的。在利用动物的过程中，涉及动物的劳役、食物、皮毛和其他部分的利用、甚至动物试验等，这些都有利于人类，也包括经济利益和其他的收益。一旦动物对人类构成威胁甚至妨害，可以杀死动物（比如苍蝇和蚊子）。除了经济利益之外，便利也是考虑的因素之一，生病的动物可以实施安乐死，这样可以节省照顾它的成本和麻烦。使用一次性的餐巾纸比使用重复清洗的手帕更方便（也更愉快），因此是许可的。尽管令人担忧，但为了维持合理的价格而销毁剩余的农作物，或者处死牲畜（无法维持牲畜的生存成本）是许可的。在极端情况下，因为缺乏燃料用以保暖，燃烧家具便是选项之一，因为需要维持基本的安全。又比如老人，可能会放弃更加便宜但存放时间过久的食物，而选择更加新鲜的食物，因为这对老人的整体健康有益。

无论对人或动物，必要的痛苦可能会带来有益结果，假如孩子的手离火堆太过靠近，你可能会拍打孩子的手，这会给孩子带来疼痛：但会使孩子知道应该远离火源，以免受到不必要的伤害。通过禁食或者通过锻炼达到减轻体重的目的，这是将痛苦纳入到更加崇高的目标：受苦的人有福了。我们也注意到：对动物进行药物试验所造成的痛苦是必要的，因为带来医学的进步（而且动物有助于达到人类的目的，如前所述）。

开发自然与保护环境缺一不可

为人类有效利益而致使动物受苦或致使自然资源受到一定的损耗，需要满足一定的条件。也就是说，为实现人类目标，一定程度的使动物受苦和对自然资源的损耗显然是必要的（否则不可能实现人类目标），实现这一目标，需要从规模、成本和价值等诸多因素上作综合平衡。

人类对动物的屠宰必须以痛苦最小化为原则，比如首先取样，给出目标。我们将在下一节阐述是否可以采用小额计费，以避免更大损失的话题。在使用矿物或植物自然资源时，人们还必须评估所要达成的目标与对自然资源的破坏之间的平衡。

在实现人类目标的过程中，应该尽量减少动物的痛苦和对自然资源的破坏，不可对动物和自然资源造成不必要的伤痛和破坏。在早期的资料中有比较深入的讨论，比如家长为了家庭的"和平"而摔碎盘子或者扔掉食物等暴力行为是否可以被接受。规定是：盘子是完整的，食物是易损的，因此禁止摔盘子摔食物。假如已经打碎的盘子（或类似的东西）可以达到某种结果（假如这种结果是值得的），但其所使用的方法（盘子和食物）则是浪费。另外，假如一个人在极其寒冷的状态之下，缺乏取暖用的燃料，那么可以使用高质量的木质家具为燃料，用来取暖，以保证生存。这里没有浪费的概念，因为没有其他方法（燃料）产生热量以拯救生命。"破坏"的行为服务于有效的目的，破坏／消耗最小化，资源的有效利用最大化，那么资源的破坏／消耗就具有了积极的建设性意义。

即便是在战争中（自卫战争，具有正当性）也要以最少的破坏，造成对敌人的最大打击为主要目的。被破坏的资源属于敌国，对其破坏可以导致敌国的直接投降，但毫无分别的肆意破坏－掠夺依然是禁止的。

有些事物是需要完全彻底地毁灭的，这种毁灭不可能最小化，例如危险的昆虫，它们构成了当前的主要威胁，甚至它们没有因此被纳入任何其他目的和潜在性目的之中。

3. 在对自然和动物的开发利用中完善和提升自然

开发与保护的有效统一

　　鉴于并没有禁止对动物或自然资源以及其他物体造成伤害的相关具体规定，因此在上一节的前提之下达到了可接受或许可的人类目标时，又可能会出现新的问题：这些目标本身是否有足够的价值来证明造成动物某种程度的痛苦或对自然的破坏是正当或值得的？例如：消遣和娱乐是人类的目标，但在没有充分理由（甚至没有部分理由）的前提下，通过狩猎达到人类娱乐的目的，可以被接受吗？有观点强烈认为，狩猎表现出残忍的特征，而且其所服务的目标质量并不能证明动物们所遭受的痛苦是值得的。马戏团所提供的娱乐，是否足以值得我们对马戏团里的动物进行痛苦的训练？这与动物园全然的不同，在动物园里，人们对至高者 神的创造感到惊奇并欣赏神的工作。斗牛或斗鸡满足人们嗜血的欲望，因此动物的牺牲和受苦毫无意义。假如人们不洗心革面，必将使人心和社会变得更加残暴。另外，使用动物作药物试验涉及有价值的目标，问题仅仅是怎样将动物所遭受的痛苦降至最低、以及在哪些方面、如何运用同情的考虑。

　　动物的皮毛用以装饰人类，但假如极其的手段残忍，例如动物被活剥毛皮，则裁定禁止穿戴此类皮毛制品！仅仅是为了装饰不能证明动物所遭受的这种痛苦具有正当性和合理性。有些权威机构禁止通过动物的极度痛苦而获得美食，不能以动物所遭受的巨大痛苦去满足某些无形的利益。在某些情况下，人类的目标或许只能通过残忍的手段得以实现（装饰或美食），但人类目标与动物痛苦之间的巨大不平衡，仍然属于手段残忍或缺乏怜悯之心（具体见下文）。以圈养鸡为例，圈养的鸡所下的蛋就不同于散养的鸡所下的蛋，但有人或许会说，鸡蛋等基本食品的价格大幅下降，让鸟类所受的痛苦也随之大幅下降。

减少对自然和动物的破坏与虐待　　有效保护自然资源

当人看见动物遭受痛苦或自然资源遭到破坏时，是否有义务拯救动物或保护自然资源？在此，假如人并不是在虐待动物或者毫无必要地破坏自然资源等禁止性行为，而是缺乏对动物或自然资源的有效保护，那么，我们该怎样面对这类状况呢？根据诺亚律法的原则，我们没有被要求为动物权益而采取积极的行动去拯救动物，也没有被要求为了自然资源本身而采取保护资源的行动。但有第二种观点认为，按照诺亚律法中禁止虐待动物的原则，在动物遭受痛苦或自然资源遭受破坏时，有拯救动物和保护自然资源的责任。有一位现代作者，针对圣经中提到"若看见恨你人的驴压卧在重驮之下，不可走开，务要和驴主一同抬开重驮"（参见《出埃及记》23:5）这一原则写道：

根据这一原则，该条诫命（即不可使动物负载过重）是出于对动物痛苦的关注，是为了减轻动物的痛苦，因此可以非常合理地说：这条诫命是针对人类的。

根据上述观点，对动物的帮助还将延展至减轻动物的负担上，这并不涉及费用的额外支出（根据律法的规定）；或者这会带来某些损失（比如在帮助动物的时间里可能没法挣钱），除非有人会为此提出补偿要求。同样，也有观点认为，虽非强制性措施，但禁止不必要的浪费就是对自然资源的最大的保护，比如对资源的回收利用（纸张、金属、水等）。

政府机构的职责之一就是"避免浪费—减少浪费—重复使用资源—回收利用资源"。所有这些行为都需要重新审视成本与收益、重新评估人类价值观念和目标本身。比如有人会问，正如我们前面所提及的，是否方便纸巾（比起重复使用的布手帕）更方便？是否塑料手袋可以替代重复使用的手袋？大量的燃油消耗和城市车辆的运行构成了价值判断的基础，用以评估对资源的消耗和破坏是否有着合理性。家庭拥有汽车的数量是否需要确保？变化的时尚潮流会带来破坏性的浪费吗？或者在经济增长和"幸福感"之间，这种担忧是微不足道的，是毫无必要的。

尽管环保专家关注上述各样环境问题，但经济的增长和生活的便利体现了人类的价值取向和商品的功能，重要的问题是：这些是否可以放弃？以及什么时候放弃？自然资源和商品的极大丰富是弥赛亚概念。对自然资源采取保护主义的态度（包括资源回收利用、再生能源等）是值得肯定的，这种态度必将为人类降低生活成本，并颠覆人们的消费观念。

关心与爱护环境　杜绝对自然资源的浪费

传统所称赞的品质构成了我们行动的基础和必要的前提条件，于是我们就有了潜在的、新的行动范围：积极地体现出这些优秀的传统品质。有一位评论家列出了人们所期望的优秀品质特征，这些优秀的品质都来自律法的禁止性诫命：禁止从活体动物身上取肉食用、以及其他对肉类消费的禁止性条例。

这条禁止性诫命的本质就是，不可使自己变得残忍，残忍是极为负面的品质。世上最为残忍的行为就是在动物还活着的时候，就将动物的肢体或肉割下来吃掉。我多次强调，人要追求好品格，摆脱坏恶习，良善与良善相连，至高者 神将良善赐给人，所以神吩咐人……选择良善。

消除对待动物的残忍（并培养同情心）是传统的"内在"价值，是理性的具体体现。我们说过，针对诺亚律法有两种基本观点，在第一种观点的简介中，这是必须执行的西奈诫命之一，人不可以残忍的方式对待动物，不可毫无缘由地虐待动物；根据第二种观点，人们必须积极地遵行西奈诫命，因为西奈传统体现出仁慈对待动物的特性。

如同我们在简介中所解释的那样，圣经及其评注的传统观点将仁慈对待动物定义为理性的原则，并将之列入民法范畴，这对维持社会道德而言是必须的。从本观点出发，一位现代权威作者写道，人类有责任全面遵守西奈传统，不可使动物负载过重，应该将动物从重压下解放出来，因为这是富有同情的理性品质。同时，这位作者指出，减轻动物的痛苦并给予同情和关怀动物的身心健康是人类的义务，因为合乎禁止从活体动物身上取肉食用的诫命。有许多律法和诫命在西奈交付给了以色列人，这些诫命和律法都表达了仁慈的概念，比如在取走幼鸟（或鸟蛋）之前，先将母鸟放走，而不是在同一天宰杀母鸟和幼鸟。正如摩西所吩咐的那样："你若在路上遇见鸟窝，或在树上，或在地上，里头有雏或有蛋，母鸟伏在雏上或在蛋上，你不可连母带雏一并取走。总要放母，只可取雏，这样你就可以享福，日子得以长久"（《申命记》22:6），"无论是母牛、是母羊，不可同日宰母和子"（《利未记》22:28），在使用牛脱粒的时候，不可给牛带上口笼，也不可让牛和驴一同耕地（因为力量不同，自然不协调），正如摩西所吩咐的那样："不可并用牛、驴耕地"（《申命记》22:10）。根据诺亚律法的第一基本观点，这些诫命对人类并无约束力，但给予动物加倍的同情是值得赞赏的。

坚持良善，远离残忍，有时我们可以把经济上的不利因素放在一边。这里有一个避免经济损失的原则：抓住机会购买价格便宜的商品，优先于禁止造成动物的痛苦。传统文献认为：假如有人需要一根羽毛，他可以从鸡身上拔毛，那么先杀鸡就是一种损失，因为还不想马上吃鸡（那时还没有冰箱）。总之，律法规定，人应当远离残忍，比如人没有喂养流浪狗的责任与义务，但基于律法的原则，出于良善的理性品格，人应该喂养流浪狗并将其送走（这样它就不会常来）。喂养流浪狗会产生额外的费用，根据律法的基本原则，虽然并非是强制性的行为；但确是良善的特性。因此超越律法的基本原则是值得的、甚至是必要的，这就是行出良善而远离残忍。然而，如上所述，假如人们需要购买（明显要贵出许多）天然的散养鸡蛋而不是饲养鸡蛋，那么他可能需要额外的经济成本，并可能给家庭生活带来困难，是否一定需要天然的散养鸡蛋是值得深思的。

假如没有任何建设性的目的，禁止破坏果树（没有包含在西奈诫命中的诺亚律法里）。引用上述同一位作者的话说，对自然资源肆无忌惮的破坏会造就并培养出不良的性格特征：

这条诫命的本源是众所周知的，即教导我们的灵魂去爱，以良善和有益的行为去看待自然，自然而然地，善行就会体现在我们身上，我们也会远离所有的恶行和所有的破坏。这就是虔诚的人，男人和女人的行为方式应该是：热爱和平，为众生的福祉而欢欣鼓舞，这一切的善行都将引领他们接近神圣的教诲，就是一粒芥菜籽，也不会随意被破坏。任何形式的损失和破坏对自然而言都是痛苦的。

因此，有效利用自然资源，特别是开发可再生资源是有意义和有价值的。这反映了神圣的天意：万有的维系和运行在受造的起初就已经被规定：效率是美德，反映了每种受造物的价值和存在目的，要求它能够得到最大限度的利用。另一方面，当资源被不必要地使用时，就造成了浪费：它自身的全部贡献和潜能也就被浪费了。

没有任何目的地造成动物们的痛苦或随意滥用自然资源，是应该被严厉禁止的，这不仅是人类低下的行为特质，也是人类内心的某种毁灭性冲动，是非理性的破坏行为。当然这种破坏性冲动也可能存在于较高的一端，为所谓"更高"的美好为借口而对自然资源肆意破坏。举例来说，农民或环境主义者们可能会杀死动物（无论是家养还是野生），因为动物们对庄稼和野生动物系统造成某种程度的破坏。比如在南非的克鲁格国家野生动物园，大象数量的过度增长破坏了公园的生态系统，对其他动物所需要的植被造成了巨大的毁灭性破坏。另外，人们是否可以捕杀袋鼠？因为袋鼠数量过多，已经对农业生产和居住村镇造成了严重影响。根据法律规定，当人的车撞到动物时，人不可把自己当作"法官"来裁定动物的生命和终止动物的生命。对动物而言，安乐死并不是一个好的选择，正如安乐死对人类而言也不是好的选择一样。针对上述所有案例，我们认为，人类无权采取针对动物的杀戮行为，当然假如（如上所述）饲养生病的动物成为主人的负担，以最为仁慈的方式使动物安乐死是有益的，这也是人类美好品质的一部分，合乎诺亚律法的原则。在不具有明显人类利益的前提之下，不可杀害动物去喂养流浪狗。同理，在危险性动物没有对人类构成威胁的前提下，不可击杀它们。

4. 改造环境

树木的嫁接和动物的杂交基因突变

人类在利用自然的过程中必须遵守另一条禁止性原则：禁止改变自然物种的特性。西奈传统严禁人们从事不同物种之间的树木嫁接和不同种类动物之间的交配。禁止不同物种之间的杂交可以看作是对人类在自然界中从事"不道德性行为"的禁止。这一观点体现在一篇评论文章中，比较了不同物种之间的混合和兽交的类似性，在禁止兽交的论著中得到了充分的证明。

　　感谢赞美归于至高者 神，神希望祂所创造的物种都能各按其类地繁衍后代……这是至高者 神的意愿，相反，假如人类违背了神的意愿，将不能得到祝福……而且两棵不同种的树混杂在一起也不能顺利地结果子，其他也是如此。对人类而言，难道可以与比自己低的动物混杂吗？

　　这是因为每一个物种都有着至高者 神特定的旨意，都有其特殊性，都是为了服务于不同的目的，正如同一篇论著所言，诫命禁止动物杂交（与禁止植物杂交的理由相同）：

　　感谢赞美归于神，至高者 神以自己的智慧创造宇宙、创造万有，创造所有的存有，使它们永远适合神的需要和目的（在神的创造计划中）……神知道祂所创造的一切都是为了世界的完美，神吩咐各样的物种，当各从其类地结果子，正如《创世记》所言"各从其类"，神的诫命就是各从其类，不可混杂，免得它们不再完美而从此不蒙神的祝福。

　　简言之，神的旨意就是：物种的自然繁殖和物种的特性不能发生任何变异。正如人类必须通过男人和女人的结合繁衍后代一样，人类也有责任不去干扰自然的繁衍。

　　圣经中有许多章节禁止以色列人将不同的物种混杂在一起，比如西奈禁令之一就是：不同种类的家畜不能一同耕地，甚至连羊毛和亚麻都不能混纺在一起（羊毛来自动物界、亚麻来自植物界），不同类的植物种子也不能一同播撒。圣经明确禁止人类将两个明显不同的物种混杂。自然产生的杂交新物种（比如杂交水果），人们可能从中受益，可以食用其果子并可以人工栽种。但首先要强调的是，禁止有意识地从事生物杂交。

　　传统提到严禁不同物种之间的嫁接和交配，现在的问题是不同物种之间的基因融合技术以及基因融合与禁止性诫命之间的关系。这些问题需要诺亚律法给予精确的解释和界定，从严禁不同物种之间的混杂出发，我们可以明白，至高者 神创造万有，万有都是至高者 神所造，万有都有各自的使命，而不应该被任意改变、修改或创造新物种。在克隆的背景下，当代权威人士说，否定（秩序的）创造就像否定造物主和创造的新物种"人"，没有经过男人和女人的交配而产生的人是应该被严厉禁止的。"克隆"不能与基因工程和治疗相比较，在基因工程和治疗中，没有新物种产生，而且不正常的疾病被纠正是合乎常规的——为人类的健康，克隆组织或器官或许是可以被接受的。克隆动物只允许用于直接挽救生命，而不能用于其他目的，比如获得更高产量的牛奶（译注：克隆人体组织和器官，克隆动物等是否被许可值得讨论，没有经过自然交配产生的克隆动物同样属于"新物种"）。

　　由此，根据诺亚律法的原则，人为造成的物种基因突变和不同物种之间的杂交是严厉禁止的（这个问题需要更进一步的探讨）。人类被严禁篡改物种的身份，严禁作任何破坏物种整体传承的事情；根据诺亚律法的原则，在对人类有利的前提条件下，阉割个别宠物是许可的。

5. 对食物的禁止性诫命：不可从活体动物身上取肉食物

活体动物的界定

　　大洪水之后，至高者 神许可人类食用动物的肉类，但有以下特别的规定：

　　凡活着的动物，都可以作你们的食物，这一切我都赐给你们，如同菜蔬一样。

　　惟有肉带着血，那就是它的生命，你们不可吃。

　　肉带着血，是从活体动物身上取下来的，无论动物现在是否存活，这样的肉，都不可吃。即便食用者没有任何残忍行为，比如动物的肢体是通过其他方式脱落的，这样的肉类依然禁止食用。这样的禁止性诫命不但关乎对残忍的制止，更是对诺亚律法总体原则的提升，通过对动物的关怀而提高人类的整体道德存在。人所吃的，成了他自己的血和肉。在灵性的层面（在诺亚律法的原则下），人类的健康成长可以通过消化动物肉类、甚至是血液（血液容纳着动物生命的脉动）而得以实现，但人不能将鲜活的动物或动物的生命纳入到自己的成长之中。

严禁从活体动物身上取肉食用，无论动物的肉是死前被取走，还是死后取走（甚至是在宰杀时挣扎），这样的肉都不可吃。当动物的心脏停止跳动，血液不再从身体喷涌（与单纯的流动不同）时，或者动物被砍头之后，可以判定动物的死亡。因此最为重要的屠宰程序就是，确保动物在分割之前就已经死亡。假如动物按照犹太屠宰程序，也就是shechita（动物首先是属于犹太信仰中可食的，如绵羊、山羊、鸡等）屠宰之后，还有运动的行为特征出现，依然可以认定为死亡，等待一定的时间之后，可以食用其肉类。但也有争论认为，只有动物完全静止不动，才能认定为死亡。但普遍观点认为，shechita屠宰法的动物肉类，在动物完全死亡之后是可以食用的。

已经没有了生命的肢体依然悬挂在动物的身上，虽不与动物同等看待，但也不可从活体动物身上分割下来食用，除非动物完全死亡。

动物的分类

切断活体动物的肢体（没有合法目的）是异常残忍的行为，无论是驯养或野生或鸟类，当肢体被残忍切断之后，就不再是原有的健康种类了。不可残忍切断活体动物的肢体，同样适合所有的亚种动物。

海洋动物不包含在内，即便像海豚这样的热血动物也同样没有列在动物分类表中，唯一的例外是像海豹这样的两栖动物。切割活鱼和生吃龙虾的肢体等行为同样是残忍行为，在禁止之列；但与从活体动物身上取肉食用有所差别。

哪些部分可以食用

禁止从活体动物身上取肉食用，适用于动物的所有肢体、肉类或器官。只要是活体动物的部分（即便是蹄子），比如舌头、肾脏、肌腱等都在禁止之列，因为这些部分都有肉类存在。禁止食用从活公牛身上切下的睾丸，不可将活公牛的睾丸当作"落基山牡蛎"或"动物"食用。

除了涉及无目的的虐待动物之外，不可从活体动物身上或鸟类身上取血食用。从活熊身上取胆汁为禁止性行为，是对动物的虐待；已经从活体动物身上所取的胆汁加入食品或饮料中不在禁止之列。除非社会对此做出一定的规范。

其他的禁止性食物

其他禁止性食物将简述如下：将可食与不可食混合在一起，已经无法辨认的，这样的食物是否可以食用，一直以来存在着争议；比如两块肉一块是可食用的，另一块是不可食用的，两块肉混合在一起；根据诺亚律法，不同的人可以食用其中的一种，但不能两种同时都吃（因为明知其中一种不可食而食）。用锅煮不可食的肉类，之后再用同样的锅煮可食用的肉类，诺亚律法对此并无禁止，即便食物之间相互发生味道的混合，也可以食用。

总之，活体动物的肢体或者肉类，无论多么小，都禁止食用。

致　谢

本书的出版受到下列各位的大力支持。

永远怀念安娜·科文女士的先生：札尔曼·科文

感谢哈沙·札尔曼·哈科罕·本·道夫

感谢以利亚谢·科考瑟

感谢苏·齐默尔曼女士

感谢苏·齐默尔曼女士的先生：阿利斯·布隆·斯鲁斯金

感谢莫拉斯·布鲁玛·巴·伊利亚胡

感谢拉比约瑟·以兹胡克·高登

感谢拉比约瑟·以兹胡克·高登的父母：拉比所罗门·道伯和米利暗·高登

感谢何拉·所罗门·道伯·本·约哈南以及莫拉斯·米拉·巴·以利亚胡

感谢马文·阿德勒

感谢法里尔·米兹

感谢拉比佩沙哈·罗森堡

纪念我的父亲摩西、感谢我的母亲蒋冰、妻子阎爱玲、女儿门佳音、女婿朱钧以及外孙女 Yokiah Joeth 对我的全力支持

译者